as BOOKS

動物と人の心に寄り添う

動物医療グリーフケア

阿部美奈子　著

はじめに

　11年間、臨床を離れ子育てに専念した時間は、人にとって「安全基地」の存在がいかに重要であるかということを学ぶ時間でした。特に、子どもにとってのホーム論が私の構築した「動物医療グリーフケア」の基盤となっています。

　人と出会った動物をペットと呼びますが、彼らの存在がわがコ化する現代、ペットにとって安全基地となるホーム、そしてホームドクターとはどのような場所でしょうか。

　動物医療グリーフケアを始めた当時は「ペットロスケア」と思われてしまうことも多く、どうしたら動物医療で受け入れてもらえるのか、悩みも尽きませんでした。そんなとき、手探りで始めた待合室診療。展開して11年あまりが経ちますが、ペットや飼い主さんへのグリーフケア、そして獣医師や動物看護師とのパイプ役となり笑顔につなげてきました。現在では全国からご関心をいただけるようになり、本当に続けてきて良かったと心から思っています。

　日本では昨今、ペットと飼い主さんとの間に共依存関係が強まっている傾向がみられ、お互いが離れる時の不安感や恐怖、極度な緊張や警戒など、分離不安によるストレスを軽視できなくなっています。

　私の暮らすマレーシアもそうですが、海外では人々は宗教観を持ち、言葉よりHug（抱擁）しあうことで心が救われているように感じます。強い宗教観や、Hugの習慣を持たない日本では自分のペットを信頼し、ペットをHugし、ふれあうことで心が守られる、このようなペットへの依存が日本で求められるのも自然の流れのように思います。

　人は生きていればさまざまな喪失体験があり、グリーフは身近に存在する心情です。ペットのその柔らかく温かい特性や言葉で否定しない姿勢こそが、飼い主さんのグリーフケアとなり心にエネルギーを与えてくれている景色が見えてきます。

　それゆえにペットがいつもと違う様子を見せてきたときには、飼い主さんは病気かもしれない、病気が治らなかったらどうしよう、もしこのコがいなくなったら……という不安や心配で心が不安定になるのです。

　また、ペットも、室内飼いが増え、心身ともに人と密着する生活を続ける中、病気によってお家では家族の表情が緊迫したり、通院や入院などで安全な人や場所から離された結果、心が不安定になるでしょう。

　出会ってから当り前のように笑顔で暮らした日常の喪失。大きなグリーフが人やペットにも生まれているのです。

　動物医療の発展は幸せを生む一方で、実は動物も人も悲しみ、苦しむ時間が増えています。動物医療グリーフケアによって、ペットの生前にできる限り多くの喜びを提供したい、ペットの死は悲しいけれど、出会いは素晴らしかった、幸せだった、だからまた飼いたいという飼い主さんの勇気につなげたい。そして命のバトンタッチこそ、動物病院にとってのグリーフケアだと思っています。

　今日まで動物医療グリーフケアへの多大なるご理解をいただき、心強い応援団となってくださいましたインターズーの太田宗雪氏、高橋真規子氏、２年間二人三脚となり連載に取り組んでいただきました酒光由紀氏、書籍化に情熱を注いでくださいました木村友子氏をはじめ、as編集部の皆さまに心より感謝致します。

　また、初めての愛犬リズム、推定15歳で出会った保護犬フクちゃんのペットロス体験は私に多くの貴重な引き出しをくれました。本当にありがとう。

　そして最後に愛する家族へ……。５年あまり、毎月マレーシアと日本を遠距離通勤するライフスタイルを受け入れてくれた家族の存在がなければ、今日の幸せはなかったでしょう。家族と動物が暮らすマレーシアのお家は私の安全基地。本当にありがとう。

　今後、獣医師、動物看護師が連携しながらグリーフケアを提供することによって、ますます動物や人の心と体の両面を守る動物医療になっていくでしょう。この初刊となる本書が一人でも多くの動物病院や動物関連施設にて従事するスタッフの皆さまにご愛読していただけることを願っています。

　ペットと飼い主さんと動物医療従事者の笑顔につながりますように。

動物医療グリーフケアアドバイザー・獣医師
阿部美奈子

もくじ

はじめに ………………………………………………………………………… ii
もくじ …………………………………………………………………………… iv
本書の使い方 …………………………………………………………………… viii

Chapter 1　グリーフケアの基礎 …………………………………… 01

1　動物医療グリーフケアに必要なこと ………………………………… 02
- グリーフとは ………………………………………………………………… 02
- 真のHome Doctorになるために …………………………………………… 03
- 動物を中心に考えたコミュニケーション ………………………………… 04
- **コラム**「なぜ獣医師がグリーフケアアドバイザーになったの?」……… 05

2　グリーフの原因とアプローチ方法 …………………………………… 06
- グリーフが生まれる原因 …………………………………………………… 06
- グリーフは早期発見・早期解決がカギ …………………………………… 06
- グリーフケアコミュニケーションで気をつけること …………………… 07
  - **事例1**「動物が検査中、待合室で腕を前に組み、受付の方向を見ている不安そうな飼い主さんへの対応例」……………… 08
  - **事例2**「待合室でキャリーを抱え、沈うつな表情で腰掛けている飼い主さんへの対応例」……………………………………… 09
  - **事例3**「初めて飼った犬の皮膚病のために通院している飼い主さんが待合室で疲れた表情で座っているときの対応例」……… 10

Chapter 2　生前のグリーフケア ………………………………… 13

1　ターミナル期の飼い主さんに対するグリーフケア ………………… 14
- 飼い主さんに表れるさまざまなグリーフ ………………………………… 14
- 安全基地が脅かされている危険性に注意 ………………………………… 15
- ターミナル期のグリーフケアコミュニケーションの流れ ……………… 16
  - **事例1**「慢性腎不全と診断された猫の飼い主さんが、待合室で疲れた表情でバッグを抱えて座っている場合の対応例」……… 17
  - **事例2**「余命宣告され、悲壮な表情で立っている飼い主さんへの対応例」……………………………………………………… 19

❷ ターミナル期の動物に対するグリーフケア ……… 21
　動物も感じるグリーフ …………………………………… 21
　出会いのStoryによる心の変化 ………………………… 21
　　コラム「出会いのStoryのご紹介」………………… 22
　動物の目から景色を見て感じる ………………………… 23
　リスクの高い検査や手術を予定している動物へのグリーフケア …… 25
　入院時の動物へのグリーフケア ………………………… 26
　　事例1「悪性リンパ腫が再発し、対症療法を続けている動物の
　　　　　　安心を守るための飼い主さんへの対応例」………… 28
　　事例2「動物病院に来るたびにパニックになってしまう猫の飼い主さんに対する対応例」…… 30

❸ 若齢でハンディキャップが発見されたとき ……… 32
　グリーフの特徴と注意点 ………………………………… 32
　飼い主さんの心理過程 …………………………………… 33
　　事例1「生後3カ月で心雑音が認められたため
　　　　　　大学病院での検査を指示された飼い主さんへの対応例」…… 35
　　事例2「保護猫のウイルス抗体検査の実施中、
　　　　　　先住猫のことを考え不安そうな飼い主さんへの対応例」…… 37
　　事例3「新しく飼い始めた犬の腎臓に障害が見つかり、
　　　　　　大きく動揺している様子の飼い主さんへの対応例」…… 38

❹ 動物が高齢になったとき ……………………………… 40
　長く寄り添ってきた動物の存在 ………………………… 40
　　事例1「慢性腎不全の治療のため通院している15歳の猫の飼い主さんへの対応例」…… 41
　　事例2「治療のため毎日通院している愛犬をお迎えにきた、
　　　　　　疲れた表情で座っている飼い主さんへの対応例」…… 43
　　コラム「安全基地の大切さ」を伝えるために ………… 44

❺ 緊急のとき ……………………………………………… 45
　緊急時に表れるグリーフとは …………………………… 45
　自分自身が慌てない ……………………………………… 45
　動物看護師として行うグリーフケアの準備 …………… 45
　　事例1「予期せぬ事故に会いぐったりとした動物を抱えて
　　　　　　病院に駆け込んできた飼い主さんへの対応例」…… 47
　　事例2「再来院日に担当獣医師が急遽不在になってしまった場合の
　　　　　　人見知りの猫の飼い主さんへの対応例」………… 49
　　事例3「慢性疾患の継続治療中に急変し、自宅で倒れた動物を抱えて
　　　　　　駆け込んできた飼い主さんへの対応例」………… 50
　　事例4「ヒト用の薬を誤食してしまった動物を連れて来院した
　　　　　　体調不良の飼い主さんへの対応例」……………… 51

6 過去の経験が影響を与えているとき ········· 52
　過去に経験したことの治療への影響 ········· 52
　事例1「不妊手術の予約を3回続けてキャンセルしている飼い主さんへの対応例」········· 53

Chapter3　死後のグリーフケア ········· 55

1 個々に異なるグリーフへの理解 ········· 56
　避けることのできないグリーフ ········· 56
　愛着とグリーフの関係 ········· 57
　悲しみの表れ方と捉え方 ········· 58
　回復期へと進めるために ········· 59
　事例1「腎不全で自宅治療中の猫の食欲が無くなったために
　　　　　来院しようと思った矢先、亡くなっていた場合の対応例」········· 60
　事例2「手術後の入院中に急死したとの連絡を受け、
　　　　　ショック状態で来院された飼い主さんへの対応例」········· 62
　事例3「内服治療中の愛犬が急遽し、
　　　　　パニック状態の飼い主さんから電話が来た場合の対応例」········· 64
　事例4「急死した愛犬の写真を
　　　　　部屋の壁に貼り詰めてしまう飼い主さんへの対応例」········· 66

2 ありのままの気持ちを否定しないグリーフケア ········· 68
　グリーフケアの正しい理解者になる ········· 68
　他者とのかかわりにより生まれる新たなグリーフ ········· 69
　グリーフの表れ方の違い ········· 70
　事例1「愛犬の死から2カ月経過しているが、友人からの誘いを断り、
　　　　　仕事以外はほぼ家の中で過ごしている飼い主さんへの対応例」········· 71
　事例2「愛猫の死後、幼い娘のために
　　　　　涙を我慢し平常どおりに頑張ってきた飼い主さんへの対応例」········· 72

3 子どもに対するグリーフケア ········· 74
　子どもにとっての動物とは ········· 74
　子どもが感じる動物の死 ········· 74
　グリーフケアの目的と提案 ········· 75
　事例1「自宅で急死した猫の飼い主さんとその娘さんが
　　　　　病院に駆け込んできた場合の対応例」········· 77
　事例2「入院中に亡くなった犬に息子を合わせるべきか悩む飼い主さんへの対応例」········· 78

４ "送り人"としての役割 ……………………………………… 80
- 出会った動物にできる最後のグリーフケア …………………………… 80
- 飼い主さんへのアプローチの流れと援助のポイント ………………… 81
- 最大のグリーフケアにつながる送り人としての姿勢 ………………… 83
- 葬儀場のご案内 …………………………………………………………… 83
- 動物医療従事者から飼い主さんへの手紙 ……………………………… 84
- グリーフの抱え込みを防ぐための動物との交流の提案 ……………… 84
- 終わりに …………………………………………………………………… 86

付録 ……………………………………………………………… 87

１ 愛犬が教えてくれたこと
　～筆者のペットロス体験より～ …………………………… 88

２ 飼い主さんへのお手紙文例集 ……………………………… 92

解答・解説 ……………………………………………………… 94

本書の使い方

本書は、各タイトルの解説と、事例によるコミュニケーション例から成り立っています。

本文
日頃から動物医療グリーフケアとして待合室診療やセミナーを行っている筆者が各タイトルを分かりやすく解説しています。

Point
各タイトルで重要事項をまとめました。次ページからいよいよ事例による実際のコミュニケーションの説明に入るので、ここで注意すべき点について再度しっかりと把握しましょう。

事例によるコミュニケーション例
事例により実際のコミュニケーションについて解説しています。それぞれの色は以下のことを示しています。言葉の裏に隠された思いを理解し、臨床現場で実際に飼い主さんとお話しするときに役立てましょう。

- **赤字** 飼い主目線となり飼い主の抱えるグリーフの理解者として共感を表す
- **青字** 飼い主の伝えてくる事実を復唱し、肯定の姿勢を示す
- **緑字** 動物をコミュニケーションに入れながら、動物目線でのメッセージを伝える。飼い主の心の緊張を和らげる

※会話では動物看護師と記載してありますが、動物医療従事者ならどなたでも、無理なく取り入れることが可能な会話例となっています。

獣医師へのアドバイス
動物医療グリーフケアは病院全体がチームとなることが大切です。獣医師でもある筆者が、獣医師だからこそ気を付けるべき点を解説しました。病気の治療だけでなく、動物と飼い主さんの心に寄り添う治療をめざしましょう。

Chapter 1
グリーフケアの基礎

本稿の目標
・グリーフの心理プロセスを理解する
・自分自身の声の質、ボリューム、話し方など心地よく響く声や表現を心掛ける
・動物や飼い主さんのボディランゲージや声、顔の表情を見逃さず、抱える心情を感じとる

・動物医療グリーフケアに必要なこと……………………02
・グリーフの原因とアプローチ方法……………………06

1 動物医療グリーフケアに必要なこと

グリーフとは

英語では"Grief"と書きます。自分にとって大切な宝物を失ったとき、そして失うかもしれないときに誰にでも起こるごく自然な心と体の反応を意味します。人間の医療ではグリーフケアは死後の悲嘆のケアが中心ですが、私の考える動物医療でのグリーフケアはヒトだけではなく、動物の抱えるグリーフ（表1）に配慮していく心のケアです。

獣医師、動物看護師が動物目線、飼い主さん目線でのグリーフを理解し、グリーフケアを実践していくことで、心と体の両面から癒す"真のホームドクター"となるでしょう。

グリーフは直訳すると「悲嘆」ですが、個々の環境や異変の起きた状況によってさまざまな心情が表れます。グリーフ反応には個々に違いもありますが、基本的には1つのパターンが存在します。最初にこのグリーフの心理過程をご紹介しましょう。

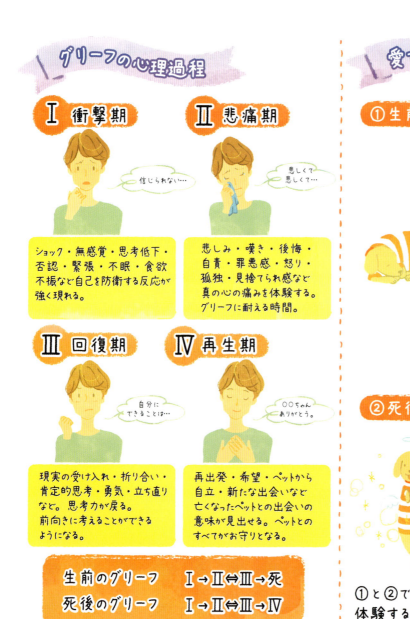

①と②では類似したグリーフの心理過程を体験する

表1　動物がグリーフを感じる状況

体調や身体の変化	動かない、食べられない、排泄ができない、身体の一部の切除、不快感や痛み など
人の表情が変わる	人の笑顔がなくなる、人の声が緊張する、行動に余裕がなくなる など
人を失う	進学、就職、単身赴任、結婚、旅行、入院、死別 など
日常の暮らしが変わる	フード、投薬、カラーや針の留置、行動の制限、通院 など
仲間を失う	通院や入院、死、譲渡 など
場所が変わる	引っ越し、ホテル、通院、入院、旅行、模様替え、部屋が変わる、サークルで限定 など
習慣を続けられない	今までの食事、散歩、寝床、遊び、トイレ など

図1　グリーフケアで真のHome Doctorになる

安全な家（Home：ありのままでいられる場所、本拠地）を離れて来院した動物にとって診察台の上で緊張することは避けられません。その中で、前頁の図1の診察風景①のように動物や飼い主さんに必要以上の不安や恐怖を与えていないでしょうか。動物病院が「人」（飼い主さん・動物医療従事者）の心の調和をはかり、人の表情からメッセージを受けとる「動物」の「心の安全」を守り、安全基地になるためには、さまざまな場面で発生する危機感を最小限に緩和するグリーフケアコミュニケーションが必要になります。グリーフケアによって、診察室の雰囲気を図1の診察風景②に変えることができます。

待合室診療の様子。人と人が会話をする声や顔の表情を動物は受けとり、リラックスできる

知っておこう

飼い主さんと動物の出会いのStory

　飼い主さんにとって動物との出会いは奇跡であり、そして偶然に思えるタイミングも実は必然かもしれません。世界に1つしかない特別なStoryを知っておくことで、動物と飼い主さんの絆を実感し、尊重することができるでしょう。

動物を中心に考えたコミュニケーション

　コミュニケーションにおいて、動物、飼い主さん、動物医療従事者の3者で心のメッセージを上手にキャッチボールすることが大事です。気が付くと人と人だけで話が進んでしまい、動物が蚊帳の外になっていることはありませんか？　動物は人間の言葉を話せませんが、人へメッセージを送っています。動物目線になり、動物の中に入り込むイメージを持ち、動物の目から見える景色を想像しましょう。動物目線とは、動物の中にスッポリ入り込むイメージを持ち、動物の目から見える景色を想像することです。

　受付時、待ち時間、診察時の保定・処置、会計時には動物のお顔を見ながらやさしく名前を呼び、飼い主さんとの対話中には飼い主さんのお名前を入れましょう。固有名詞を入れることは「Only one & Number one」「大勢の中の一頭、一人ではない・あなたを診ています」というメッセージになります。これは、安全感の提供にもつながり、飼い主さんは獣医師、動物看護師が自分の動物に対し、大切に接している姿を見て安堵されます。安心できる環境を整え、飼い主さんのグリーフを引き出し、傾聴しましょう。

獣医師へのアドバイス

グリーフケアの第一歩！
病気を診る前にまず動物にやさしく挨拶をする姿勢を ⚠️ 重要

　診察中に保定などを行うとき、獣医師から急に呼ばれた動物看護師がカルテを確認できず、動物や飼い主さんの名前が分からない状況が生まれるかもしれません。継続治療の場合には名前も把握しやすいのですが、初診や前回の診察から長期間経過している場合には難しいですね。カルテを確認することができない状況では、「○○ちゃんの保定お願いします」や「○○ちゃん、ちょっと頑張ろうね」など、獣医師が動物の名前を入れたコミュニケーションをとることで動物看護師に伝えることができるでしょう。大切なことは動物医療従事者間の連携です。

コラム

なぜ獣医師がグリーフケアアドバイザーになったの？

　私が獣医師として臨床でグリーフケアの実践を始めたのは11年前。ペットロスカウンセリングを通して、動物の死後、深い悲しみの中で、多くの飼い主さんが治療や介護に対する後悔、自責や他責、罪悪感などを抱えこみ、苦痛の大きい時間を過ごしている現状が見えてきたからです。

　同時に、動物の死を通して動物医療従事者側も飼い主さんの深い悲しみや苦しみに対しどのように対応すべきか、という大きな悩みを抱えていました。また、主役である動物が動物医療従事者と飼い主さんの間で緊張や警戒を深める姿を見てきました。これらすべてをグリーフと理解し、動物、飼い主さん、動物医療従事者間のパイプ役が必要と感じ、始めたのが待合室診療です。

理解度チェックテスト

解答・解説 p.94

問1 グリーフについて正しい記述を、①～⑤の中からひとつ選びなさい。

① 動物医療でのグリーフケアは人だけに必要である
② 心のケアは死後、ペットロスに対して行えば十分である
③ グリーフは愛着関係の強い一部の飼い主さんが持つ特別な感情である
④ 自分にとって重要な対象を失ったり、失うかもしれないときに表れる自然な心身の反応をグリーフという
⑤ 動物にグリーフが発生することはない

解答 □

問2 動物医療グリーフケアについて間違っている記述を、①～⑤の中からひとつ選びなさい。

① 動物病院でのコミュニケーションはペットを中心に飼い主さんと動物医療従事者で行うことが大切である
② 対話中に動物や飼い主さんの名前を入れることは安全感の提供にもつながる
③ 動物が病気になることは飼い主さんにとって当り前の平和だった日常を失ってしまうことであり、グリーフを体験する
④ グリーフの心理過程は生前と死後では全く別の反応が表れる
⑤ ホームとは動物も人もありのままでいられる安全基地を意味する

解答 □

第1章　グリーフケアの基礎

2 グリーフの原因とアプローチ方法

グリーフが生まれる原因

❶ 来院する前、家では……

食べない・立てない・吠えない・おしっこが出ない・便が出ない・眠れないなど動物に日常と違う様子が認められ、飼い主さんに最初のグリーフが生まれます。

❷ 来院後、待合室では……

さまざまな状況の動物に出会います。自分の動物に重ね合わせることや飼い主さん同士で情報交換を行うことは、グリーフに影響します。

❸ 診察室では……

診察してもらえる安堵感の一方で、病気に対する不安や動物の死に対する恐怖などさまざまな角度からグリーフが生まれます。

❹ 検査や処置の間、診察後の待合室では……

検査や治療に対する不安や疑問、人間関係、経済的な問題などから新たなグリーフも生まれます。

グリーフは早期発見・早期解決がカギ

グリーフがシンプルな形で存在した場合、共感目線の一言でグリーフを引き出すことができます。

しかし、最初のグリーフを放置し、新たにグリーフが加わり複雑化した場合、グリーフを引き出し解決するまでには多大な時間や精神力が必要となるため、動物医療従事者自身のストレスにつながるのです。

知っておこう

生前のグリーフは初期からの援助が大切

動物病院での生前のグリーフケアはグリーフがシンプルな形で存在する初期に、日常的に提供していく援助です。

グリーフケアコミュニケーションで気をつけること

グリーフケアコミュニケーションでは、言葉にとらわれすぎないことが大切です。言葉の意味はその伝え方によって生きてきます。どのような美しい言葉も心の表情を伴わなければ飼い主さんには事務的な冷たいメッセージを送ってしまうことになってしまいます。また、飼い主さんのグリーフは言葉より声・顔・目・身体の表情に表れています。飼い主さんの言葉にとらわれるとグリーフに気づかず心の温度差を生むことになるでしょう。そうならないために、表情となって外面に表れるグリーフを読み取れるようにしましょう。

● グリーフの表れ方

表2〜表4を参考に、グリーフの表れ方を確認し、飼い主さんの思いを理解しましょう。

● 飼い主さんのグリーフを引き出し傾聴する

グリーフケアでは自分が話すことよりも、飼い主さんのグリーフを引き出し傾聴することが大切です。自分自身が動物と暮らす飼い主さんの心情を受容し正しく理解することが「共感」につながります。共感目線の一言をやさしくお伝えすることで飼い主さんは安堵感を取り戻し、心を開くことができるでしょう。

表2 ボディランゲージ

腕を胸の前で組む	不安・恐怖から自分を守る・壁を作る
身体を揺らす	緊張・焦りや不安から落ち着かせる
手を口に当てる	ショック・驚き・悲痛
立つ	目立つ・見てほしい・話したいことがある

表3 目や顔の表情

横を見る	自信が持てず助けや同意を求める
上を見る	記憶をたどる・考える
下を見る	悲しみ・気持ちが落ちこむ・弱気
視線を逸らす	同意できない・納得していない
目をまわす	他に気がかりな点がある・関心がない
顔色	疲労・体調不良・衝撃の強さ・興奮
まばたきをしない	集中・一心に・見逃さない
まばたきが増える	不安・緊張・偽り

表4 声の表情

声のふるえ	緊張・悲痛・恐怖
話ができない	ショック・無感覚・思考困難
声のトーン	喜び・悲しみ・苦しみ・自信・勇気など
何度も同じ質問をする	不安・不信・否定・依存

知っておこう

怒りは悲しみの表れ

怒りは極限の悲しみの表現です。怒りを表す飼い主さんに対し、面倒な飼い主さんというレッテルを貼ってしまった経験もあるかもしれません。しかし、面倒な飼い主さんと決めつけてしまうことで、飼い主さんとの間に壁が生まれ、怒りに隠れている本当の悲しみに気が付くことができず、グリーフを引き出すことが困難になってしまいます。

Point

1. グリーフはさまざまな原因により発生する
2. グリーフは心と体の自然な反応である
3. 新たなグリーフが加わると困難な状況を作り出す
4. 言葉にとらわれすぎない ⚠️重要
5. グリーフは表情となって外面に表れる

第1章 グリーフケアの基礎

ここからは、事例によるコミュニケーション例を用いて解説していきます。それぞれの色は以下のことを示しています。
赤字：飼い主目線となり飼い主さんの抱えるグリーフの理解者として共感を表す
青字：飼い主さんの伝えてくる事実を復唱し、肯定の姿勢を示す
緑字：動物をコミュニケーションに入れながら、動物目線でのメッセージを伝える。飼い主さんの心の緊張を和らげる

事例 1

Bちゃんの検査中、飼い主Aさんは待合室で立っている。腕を胸の前に組みながら受付の方向を見ている。

ココに注目!!

・Aさんから言葉はありませんが、言葉でない形で内面からメッセージは送られている
・「立つ」という動作⇒「私を見てほしい」というメッセージ
・「腕を胸の前で組む」という動作⇒不安、心配、恐怖、疑問などグリーフの存在
・Aさんから「助けてほしい」「話して安心したい」という気持ちが病院側に向けて送られている

グリーフケアコミュニケーションを取り入れた対応例

動物看護師：（そばに寄り）Aさん、Bちゃんの様子がご心配ですね……

Aさん：（緊張した表情で）えぇ……さっきC先生から15分くらいと伺ったのですが……ちょっと長引いているので……何かあったのですか

動物看護師：15分くらいとお聞きになったのですね。もう30分以上経ちますのでご不安になられたでしょう

Aさん：そうなのです……だんだん不安になってしまって。何か悪いものが見つかったのかも……

動物看護師：（うなずきながら）Aさんのご不安を大きくしてしまい申し訳ありませんでした。今、Bちゃんのご様子を見てきますね。こちらにおかけになってお待ちくださいますか？

Aさん：（緊張が少し和らぎ）ありがとうございます

グリーフケアコミュニケーションの結果

動物看護師がAさんの気持ちに早く気づき声をかけたことで、Aさんの不安が大きな恐怖に変わるのを防ぐことができました。Aさんの危機感を緩和しています。

事例 2

Aさんは待合室でBちゃんのキャリーを抱え沈うつな表情で腰かけている。目線は下へ。手にはハンカチをにぎっている。

ココに注目!!

・「キャリーを抱えている」⇒密着することでわがコを守る。Bちゃんの緊張や恐怖を分かっている
・「沈うつ・目線が下へ」⇒不安や心配、悲しみなどグリーフが重なり落ち込んでいる
・「ハンカチをにぎる」⇒緊張や戸惑い

グリーフケアコミュニケーションを取り入れた対応例

動物看護師：（そばに寄り斜め前に腰を落としながらキャリーをのぞく）Bちゃん、今日のご気分はどうかな？ Bちゃん、緊張するよね……

Aさん：（一緒にのぞきながら）そうなんです、すごく緊張するコで怖がりなんです……

動物看護師：（うなずきながら）お家を離れるとBちゃんも不安になりますね

Aさん：昨日の検査で肝臓が悪いことが分かって……治療しなくてはいけないからね……

動物看護師：そうでしたね……肝臓が悪いとお聞きになってショックでしたでしょう……

Aさん：そうなの。今までずっと元気なコだったからね、昨夜はちょっと落ち込みました

動物看護師：（うなずきながら）Bちゃんは10歳まで元気に生きてきて初めて病気が見つかったのでご心配されたでしょう

Aさん：本当にそうなんです。ちょっと食欲がなくて

動物看護師：（うなずきながら）食欲がないと不安になりますよね……Bちゃんはしばらく通院になるかもしれませんが、Bちゃんはお家が大好きでしょう。いちばんほっとできる場所です。病院では緊張していますので、お家に帰ったらいつもよりもっとリラックスさせてあげてくださいね

Aさん：そうですね！ わが家はこのコ中心なんですよ（笑）。ね、Bちゃん（Bちゃんをうれしそうに見る）

動物看護師：（Bちゃんを見ながら）Bちゃん、良かったね。お家で皆待っているから、頑張ろうね

グリーフケアコミュニケーションの結果

Aさんの気持ちを肯定することでグリーフを話しやすくします。Bちゃんの病気は心配な状況でもお家でのBちゃんとの幸せな暮らしを思い出し、沈うつな表情が和らぎAさんは安堵感を得ることができました。

第1章 グリーフケアの基礎

事例 3

初めて犬（Bちゃん）を飼ったAさん。Bちゃんが皮膚病になり、前回薬を5日分出された。待合室でBちゃんを抱っこしながら疲れたご様子で座っている。

ココに注目!!

・初めて犬を飼った場合には、すべてが初体験となる
・自宅での投薬は難しいことも多い
・疲れた表情を見逃さず、家での状況を引き出すことが大切

好ましくない対応例 〜否定形の使用〜

〜順番を待っていたAさんが困った表情で受付へ〜

Aさん：すみません、前回5日分お薬をもらったのですが……全部飲ませていなくて。薬が少し残っているのですが……どうしたら……

動物看護師：（冷静に）お薬は最後まで飲ませていないのですか？ どのくらい残っていますか？

Aさん：（戸惑いながら）たぶん2日分くらい……

動物看護師：カルテを確認しますが、やはり皮膚病ですからお薬は飲ませないと治りが悪くなってしまいます。先生の指示がありますのでお薬は頑張って飲ませるようにしてくださいね

Aさん：（目をふせながら弱々しく）はい……分かりました……

このコミュニケーションの結果

診察に入る前にAさんの不安はさらに膨らみこれから先の恐怖になります。否定形を使うことでAさんは「責められている」と不安を感じ、ありのままの気持ちや状況を全く話すことができなくなってしまいました。一方的に正論を言われたことで勇気や自信を失うでしょう。

知っておこう

こんな対応はNG！第一声で否定しない

飼い主さんが自分の考え方と違う発言をしたときに、「そうではなくて」「違います」といった否定の言葉を発していませんか？ グリーフケアでは第一声で否定をしない姿勢で臨むことが重要なポイントとなります。

グリーフケアコミュニケーションを取り入れた対応例

〜動物看護師がAさんのそばに寄り、やさしく話しかける〜

動物看護師：Aさん、少しお疲れのご様子ですが、Bちゃんの様子はいかがでしょう？

Aさん：この前お薬をいただいて飲ませようと思ったのですが……難しくて

動物看護師：Aさん、ワンちゃんをお飼いになるのは初めてでしたね。お薬をごはんに混ぜてみて、Bちゃんは食べてくれましたか？

Aさん：（お疲れの表情で）はい、最初は良かったのですが、ごはんから薬だけ残すようになって……

動物看護師：（Bちゃんをなでながら）Bちゃん、お薬嫌いだったね。粉にしたらどうでしょう？

Aさん：つぶしてごはんに混ぜたのですが今度はごはんも残すようになって……本当に困りました
動物看護師：工夫してくれたのですね。ごはんはどんなタイプでしょうか？
Aさん：ドライフードはバランスが良いと聞いたので、ドライフードをあげています
動物看護師：ドライフードは良いお食事ですよね。今回、錠剤を混ぜるのはちょっと難しかったでしょう。何日くらい飲ませられましたか？
Aさん：最初は食べてくれるのでほっとしていたのだけど、3日目くらいかな……？ ふと見たらお皿に錠剤が残っていて……粉にしてからは食べなくなって私も諦めました
動物看護師：お家での様子を教えていただきご苦労がよく分かりました。お疲れになったでしょう。これから診察のときに先生と相談しながらお家での投薬の方法をお伝えしますのでご安心くださいね
Aさん：（笑顔になり）助かります。ありがとうございます。ほっとしました。（Bちゃんを見ながら）良かったね、Bちゃん！

グリーフケアコミュニケーションの結果

Aさんが不安や緊張のお気持ちで順番を待つ間、動物看護師から声をかけたことで大きな安堵感につながりました。肯定形を使うことで受容の姿勢が伝わり、Aさんはありのままの状況を話しやすくなります。初めてペットを飼ったAさんの戸惑いは理解者を得たことで頑張る勇気に変わりました。

獣医師へのアドバイス

投薬方法は飼い主さんと一緒に考えよう

病気に対して自宅での投薬が必要な場合に、薬を警戒しがちな動物が安心して薬を摂取できるにはどのような方法が有効かを飼い主さんと一緒に考えましょう。病気にとって必要な薬も動物が毒だと感じてしまったら、それはグリーフとなります。必死に抵抗するため、動物にとっても飼い主さんにとっても困難な状況を生んでしまいます。

第1章　グリーフケアの基礎

理解度チェックテスト

解答・解説 p.94

問3 グリーフケアコミュニケーションについて正しい記述を、①〜⑤の中からひとつ選びなさい。
① グリーフケアコミュニケーションでは表情をできるだけ抑えて対応するべきである
② ボディランゲージや声のトーンが示すメッセージ性は低いので、あまり重視する必要はない
③ グリーフを抱える飼い主さんが誤った理解をしている場合には、いち早く否定して正しい方法を伝えなければならない
④ グリーフケアコミュニケーションで大切なことは、飼い主さんの表情に着目し、抱えるグリーフを引き出し傾聴することである
⑤ グリーフケアコミュニケーションは死後に開始すれば良い

解答□

問4 グリーフケアコミュニケーションについて間違っている記述を、①〜⑤の中からひとつ選びなさい。
① 内面に抱えるグリーフは表情となって外面に表れる
② どのような正しい言葉も伝え方によっては逆の意味になる危険性がある
③ ボディランゲージや顔、声の表情からメッセージを感じることは重要である
④ 共感目線の一言を投げかけることによって、飼い主さんが内面のグリーフを話しやすい状況を作ることができる
⑤ 怒りを表す飼い主さんには、どのような場合にも強い姿勢で対応する必要がある

解答□

Chapter 2
生前のグリーフケア

> **本稿の目標**
> ・出会ってから一緒にいることが当たり前だった動物との日常を失う日を予期し、不安や恐怖が強まる飼い主さんのグリーフを重視する
> ・動物医療従事者のペースで正論を急がず、飼い主さんのありのままの思いを否定せずにグリーフの理解者となる
> ・動物が飼い主さんとの生活を楽しめる環境を考え、安全基地が守られるように提案する
> ・動物の目から見る景色をイメージしながら動物のグリーフへの配慮となる行動を考える

- ターミナル期の飼い主さんに対するグリーフケア　　14
- ターミナル期の動物に対するグリーフケア　　21
- 若齢でハンディキャップが発見されたとき　　32
- 動物が高齢になったとき　　40
- 緊急のとき　　45
- 過去の経験が影響を与えているとき　　52

ターミナル期の飼い主さんに対するグリーフケア

飼い主さんに表れるさまざまなグリーフ

ターミナル期とは、動物が治らない病気にかかり、回復や完治が難しく、死を避けられない病態で過ごしている時間を呼びます。動物にとって最終章となるターミナル期は大変貴重な時間です。

動物ではなく「人」のほうがターミナル期である現実を容易には受け入れられないのです。ターミナル期ではグリーフの抱え込みが進みやすく、飼い主さんの声の変化となって認められます。

検査結果が好転せず、病状が回復しない動物の表情を見ながらどの治療を選択することが正しいのか迷い、出口が見えない苦しみを体験する姿も多く見られます（表5）。

動物の目から景色を見るイメージを持ち、彼らの心に共感しましょう。

知っておこう

飼い主さんに表れるグリーフ

①いつかは寿命がくることを頭では分かっているが心が拒否をする
②これからどのような状態が起こるのかが分からず、不安となる
③死の場面や死を想像して恐怖が大きくなる
④最愛の動物がいなくなる死後の生活が考えられない
⑤治療方法が見つかるのではないかと期待する
⑥治らない状況下でどの治療をしていけば良いのか分からなくなる

拒絶　不安　期待　恐怖　混乱

表5　飼い主さんに生まれる新たなグリーフの例

無力感	もう何もしてあげられない、できることは何もない、このコを救えない
自信喪失	だめな飼い主だ、こんな自分は飼い主として失格だ、他の人が飼い主だったらこのコはもっと幸せになれたのかもしれない
マイナス思考	明日死んでいるかもしれない、悪くなっている気がする、この薬を飲ませると状態が悪くなる、どんな治療をしても楽にはならないだろう、もうだめだ

安全基地が脅される危険性に注意

　動物は、人に出会ったときから体は変化しても心は何も変わりません。動物の心は人でいえば1、2歳のまま、自立をしない永遠の子どもといえます。子どもの心を持つ動物にとって、安全感を保つことが最重要であり、安全基地がエネルギーを充電する大切な場所となります。

　飼い主さんは精神的にも肉体的にも疲れ、さまざまな負担からストレスも大きくなりやすい時期です。安全基地から笑顔や聞きなれた声が失われ、動物の緊張や警戒心は高まるでしょう。家族間の言い争いや沈うつな空気の中で、動物は大好きな居場所を失ってしまうかもしれません。

　安全基地の喪失は、最大のグリーフにつながります。動物目線でのグリーフケアが重要です。

知っておこう

動物を通したコミュニケーション！

　動物に対する行動を通じて、緊張した飼い主さんの心に少しずつ安らぎを与えましょう。
①苦悩される表情の飼い主さんのそばで動物とふれあうことで柔らかい空気をつくる
②動物の名前を呼びながら話しかける
③共感目線からの一言で飼い主さんの気持ちを引き出す
④傾聴する
⑤ありのままの心情を理解する
⑥動物目線となり、動物の心の代弁者となる
⑦その動物にとって好きなことや喜ぶこと、ほっとすることなどを聞き出す
⑧動物の安全基地を守るために必要なアイデアを提案する

　ターミナル期は病気を根治させることが難しい時間です。飼い主さん、動物医療従事者双方の話題の主役が「病気」になっている現場をよく目にします。「病気」への処置に必死になると、どの方法が最善なのか分からず出口を失ってしまうかもしれません。獣医師や動物看護師が飼い主さんのグリーフに寄り添いながら、動物目線でのグリーフケア提案をしていくことで、飼い主さんに愛する動物を最期まで守りぬく勇気が生まれるのです。診察室内には一体感が存在しているでしょう。

第2章　生前のグリーフケア

ターミナル期のグリーフケアコミュニケーションの流れ

■ 言葉や表情の奥に抱える感情の存在に気づく

ボディランゲージ・アイコンタクト・声に着目する。

■ 傾聴。共感目線でゆっくりグリーフを引き出す

急がさない。時間の余裕を待つ。

■ 受容。気持ちをキャッチ。孤独感を軽減する 評価。マイナスからプラス思考へ

第一声で否定をしない。
解決を急がない。
できていることをピックアップし、お伝えする。

■ 提案。動物のグリーフケア

動物目線になり、そのペットにとってQOLが下がらない方法を考える。

 Point

ターミナル期では声の表情が変化する。

⬇

家での動物への呼びかけはできるだけいつもの声を心掛け、動物にとって安全な、ありのままの日常（安全基地）を守る。

Point

1. グリーフケアコミュニケーションはターミナル期で始めるのではなく、初診時から取り入れていきましょう
2. ターミナル期に飼い主さんに表れるさまざまなグリーフを理解する
3. 病気に意識が集中するあまりに新たなグリーフが飼い主さんに加算されてしまう
4. 動物の安全基地が脅かされている危険性が高い

次のページから、事例によるコミュニケーション例を用いて解説していきます。それぞれの色は以下のことを示しています。

赤字：飼い主目線となり飼い主さんの抱えるグリーフの理解者として共感を表す
青字：飼い主さんの伝えてくる事実を復唱し、肯定の姿勢を示す
緑字：動物をコミュニケーションに入れながら、動物目線でのメッセージを伝える。飼い主さんの心の緊張を和らげる

> **事例 1** 14歳の三毛猫のBちゃんは慢性腎不全と診断された。待合室ではBちゃんの治療を終えたAさんが疲れた表情でBちゃんの入っているバッグを抱えて座っている。

ココに注目!!

・2年前から腎不全の治療をしてきたが、現在は慢性鼻炎もみられ食欲が落ちてきた
・現在は毎日皮下点滴に通う生活が3週間続いている
・自宅では療法食を与え、抗菌薬の他、消炎剤、吸着剤の投薬をしている

第2章　生前のグリーフケア

好ましくない対応例 ～動物医療従事者ペースでの対応～

動物看護師：Aさん、血液検査、点滴とお注射をしています。この前と同じお薬が7日分ということで合わせて○○円になります

Aさん：（お支払いをしながら）毎日このコも通院して頑張ってくれているのだけど……食欲がね……。なかなか出てこなくて。自分で食べてくれると良いのだけれど

動物看護師：❶点滴を受けてお家に帰ってもあまり食べてくれないのですね。だいぶ腎臓の値も高くなっていますので、なかなか食欲が出ないことも多いのです。しばらく時間がかかるかもしれません

Aさん：腎臓が悪くなるまでは好きなカリカリがあってよく食べていたんです。でも2年前、腎臓の数値が高くなってからは、腎臓病のごはんに変えました。この前まで食べていたんですけどね……最近はあまり食べなくなって……

動物看護師：❷これからもやはり腎臓病のごはんを食べてくれると良いのですが。他のフードのサンプルもありますのでお渡ししますね。前回、缶詰のフードをお渡ししましたよね。お薬は飲めていますか？

Aさん：それが……本当に困っています……。缶詰に変えてしばらくは良かったのですが、今はかわいそうだけど缶詰のフードに混ぜて無理やり口に入れています。もし誰か見たら虐待だと思うかもしれません……

動物看護師：❸虐待だなんて……そんなことはないですよ。Bちゃんも頑張って飲んでくれているのですね。Aさん、このまましばらく続けてください

Aさん：はい……でも、最近は私が薬を用意している気配で逃げていきます。味がまずいのかな……。かなり抵抗するので私も必死になってしまって……。Bは私のことが嫌いになったみたいです……

動物看護師：❹そんなことはないですよ、BちゃんはAさんを嫌いではないですよ。今は大変かもしれませんが状態が良くなるよう治療していきましょう。BちゃんはAさんが頼りなのです。味はまずいかもしれませんが、なんとか飲みこんでくれると良いですね。もしどうしても難しいときにはお知らせくださいね。先生とお薬の相談ができると思います

Aさん：そうですね……分かりました……

動物看護師：お大事にしてください

このコミュニケーションの結果

Aさんの表情に気づかず、グリーフに配慮することができていません。❶❷では共感目線が存在せず、Aさんの心情を受容できていません。医療面での正論を伝える対応となっており、新たなグリーフを生む危険があります。

❸❹は励ますつもりなのですが、Aさんの苦悩をキャッチするのではなく否定形を使うことでAさんの気持ちを切り落とし解決を急いでいます。早く元気になって治療を頑張れるようにという動物看護師の気持ちとは逆に、Aさんは孤独感を強くし、さらにエネルギーを消耗してしまうことも考えられます。

グリーフケアコミュニケーションを取り入れた対応例

～会計の前に動物看護師がAさんの表情の変化に気づいて、声をかける～

動物看護師：Aさん、毎日Bちゃんの点滴があり、少しお疲れがたまってこられたのではないでしょうか。Bちゃんの様子はお家ではいかがですか

Aさん：えぇ……。毎日このコも通院して頑張ってくれているのだけど……食欲がね……。なかなか出てこなくて。自分で食べてくれると良いのだけれど

動物看護師：Bちゃん、点滴を受けてお家に帰ってもあまり食べていないのですね。食べないと心配になりますね。Bちゃん、気持ち悪いかな？（Bちゃんに話しかける）

Aさん：腎臓が悪くなるまでは好きなカリカリがあってよく食べていたんです。でも2年前、腎臓の数値が高くなってからは、腎臓病のごはんに変えました。この前まで食べていたんですけどね。最近はあまり食べなくなって……

動物看護師：2年間は腎臓病のごはんを食べてくれていたのですね。Bちゃん、お利口ですね！（Bちゃんに話しかける）ではごはんを食べなくなって薬を飲ませるのが大変ではありませんか？

Aさん：それが……本当に困っています……缶詰のフードに変えてしばらくは良かったのですが、今はかわいそうだけど缶詰のフードに混ぜて無理やり口に入れています。もし誰か見たら虐待と思うかもしれません……

動物看護師：そうでしたか。Bちゃん、かなり嫌がっているのですね

Aさん：最近は私が薬を用意している気配で逃げていきます。味がまずいのかな……。かなり抵抗するので私も必死になってしまって……。Bは私のことが嫌いになったみたいです……

動物看護師：BちゃんがAさんを嫌いになったように感じていらっしゃるのですね。薬が怖いのでしょう。でもAさんも必死になりますよね。Bちゃんは気配を感じて逃げていく、AさんはBちゃんを連れてきて薬を必死に飲ませる、という生活はとても苦しかったですね。AさんもBちゃんも精神的にも疲れてしまったでしょう……

Aさん：そうなんです。本当に私もストレスで……。きっとこのコもストレスですね……

動物看護師：毎日のことですので本当に大変だったでしょう。現在の様子を伺っていますとBちゃんの警戒心が少し高まっているように感じます。Bちゃんは今までと違うお家の空気を感じて、不安と緊張を持っているかもしれません

Aさん：あぁ……たしかにそうかもしれません。私のそばに来ることが減って……気が付くとテーブルの下や廊下の奥にいることが増えています……

動物看護師：Aさんも毎日必死に頑張られているので、そのお気持ちが声に表れているのではないでしょうか

グリーフケアでのポイント
Bちゃんはその声の違いを敏感に感じて緊張しているかもしれません

Aさん：あのコに伝わっているのですね……私の気持ちが……

動物看護師：出会ってからずっとAさんを見て暮らしてきたBちゃんは、Aさんの気持ちを感じて生きています。Bちゃんの「心年齢」は2歳くらいの子どもと同じです。Bちゃんがいつもと変わらないAさんと、大好きなお家で安全な日常を暮らすことがとても大切に思います

Aさん：私が笑顔になってBを安心させてあげないといけませんね！ これからはできるだけいつもの声で名前を呼ぶよう頑張ります！

動物看護師：そうです。おつらい時間ですがBちゃんは気持ちをAさんに伝えてきます。Bちゃんが今

までどおりの日常を続けられる方法を一緒に考えていきましょう。C先生にも伝えますね。お薬の相談ができますので安心してください 一体感

グリーフケアコミュニケーションの結果

どのような気持ちも否定せず、一度キャッチすることが重要です。Aさんへの共感の姿勢、動物目線からのメッセージをやさしくお伝えすることによってAさんの新たに発生してしまったグリーフを軽減し、Bちゃんへのいつもの声や笑顔、飼い主としての自信、お互いの信頼関係など大切な日常を取り戻すことができます。

AさんはBちゃんの安全基地を守るためにできることが見えてきた結果、Bちゃんは心も体も安全に、最期まで寿命をまっとうすることができるでしょう。

第2章 生前のグリーフケア

事例 2

チワワのCくん（9歳）を抱いたDさんは悲壮な表情で立っている。はじめての肺水腫から10カ月が経過し、吐血、血便、腹水、貧血など心臓、肝臓に深刻な病態のCくん。
余命を宣告されてDさんは不安と恐怖で立っているのがやっとの状態。

ココに注目!!

・余命宣告をされ、「死」が現実味を帯びている
・飼い主さんのグリーフは加速しマイナス思考に引っ張られていく
・飼い主さんへのグリーフケアが実践されない場合には飼い主さんと暮らす動物の安全基地は守ることができず、動物の深刻なグリーフにつながってしまう

グリーフケアコミュニケーションを取り入れた対応例

動物看護師：Dさん、だいぶお疲れのご様子ですのでイスにお掛けになりませんか
Dさん：ええ……（小声で答えるのが精いっぱい）
動物看護師：Cくん、落ち着いているね、ママに抱っこされているから安心ね（抱っこされているCくんを見ながら笑顔でCくんに話しかける）
Dさん：でも……先生にかなり悪いから今月が厳しい状態だと言われたんです……。もう頭が真っ白になって……何も考えられない……
動物看護師：Cくんの表情は落ち着いているように思うのですが、いかがでしょう？
Dさん：（視線を上げCくんを見て）たしかにお顔は落ち着いて見えますね……
動物看護師：病気の説明のあとは悪いことを想像してしまいますね。でもCくんが笑顔のときにはママもいつもの声で話しかけてあげると安心しますよ
Dさん：家でも病気のことばかり気になって。大好きなおやつも止めて、興奮させないよう注意して、一番の楽しみは散歩ですが、散歩も行かなければ長生きできるんじゃないかと思ったり……

動物看護師：Cくんの大好きなことをすべて我慢してきたのですね。きっとDさんの声はいつもより低くなっていたでしょう。Cくんはなんで我慢しなくてはならないかを分からないから、モチベーションが上がらないかもしれませんね

Dさん：たしかにつまらなそうな感じだったかも……

動物看護師：（Cくんをなでながら、Cくんに話しかける）Cくんはとっても頑張っているから、ご褒美もほしいよね、楽しいこといっぱいしたいよね？
〜Cくんの表情が変化。尻尾を振りうれしそうな顔になる〜

Dさん：Cくんが笑ってる。ご褒美がほしいって言ってるみたいです

動物看護師：お帰りになったら、Cくんを褒めながらご褒美をあげてください。散歩も行きたいってCくんが伝えてきたら、いいよ！って、言ってあげてください。抱っこしていつものコースを歩いても喜びますよ

グリーフケアコミュニケーションの結果

Dさんは余命宣告によるショック状態でしたが、Cくんの表情を伝えたことで「死」ではなく、今を生きているCくんと向き合うことができるようになっています。

寿命は誰にも決められません。Cくんは治療によって病態を緩和しながら、自宅では大好きなママと最期まで楽しみ多き日常を続けることができるでしょう。

獣医師へのアドバイス

治療と動物のQOLの両方を考慮した提案を

ターミナル期では検査数値が悪化していく状況下、「飼い主さんに死を覚悟していただかなくては……」と思うあまりに、ネガティブな話ばかりになりがちです。

病態と動物自身を切り離し、治療と動物のQOLの両面から話を進めましょう。飼い主さんと協力しながら動物の大切な安全基地を守る獣医師の姿勢によって強い信頼が生まれるでしょう。

理解度チェックテスト

解答・解説 p.94

問5 ターミナル期に見られる飼い主さんのグリーフについて間違っている記述を、①〜⑤の中からひとつ選びなさい。
① 動物には寿命があることを頭では理解しているが、心が拒否をしてしまう
② 動物がどのように最期を迎えるのかを想像し怖くなる
③ 病気が治るのではないかと期待をしてしまう
④ どの治療法が最善なのかが分からなくなってしまう
⑤ 泣いている飼い主さんには話しかけずそっとしておいたほうが良い

解答

問6 動物看護師としてターミナル期に行うグリーフケアについて正しい記述を、①〜⑤の中からひとつ選びなさい。
① 表情が不安定な飼い主さんとは少し距離を置くようにする
② 病態の進んだ動物に対しては治療以外にはできることはない
③ 飼い主さんが治らないことに不満を伝えてきたときには、毅然とした態度で病気の説明をしていかなくてはならない
④ 苦悩する飼い主さんのそばで動物にふれあい、やさしく話しかけることで柔らかい空気をつくることができる
⑤ 飼い主さんが長い看護生活で疲れたご様子のときには、明るく励ましていくことが一番大切である

解答

2 ターミナル期の動物に対するグリーフケア

動物も感じるグリーフ

　グリーフが表れるのは人だけではないと考えるのが動物医療グリーフケアの重要な視点です。人と出会ってから動物も心地良い生活リズムを持ちながら幸せな日常を送ってきたのです。個々に違う動物のパーソナリティや生活環境が存在します。

　健康チェックや予防など、日頃来院されている時間に動物の生活環境にかかわる情報を少しずつ集めておくことが大切です。この情報がターミナル期でのグリーフケアコミュニケーションに大変意味を持ってきます。

　皆さんが動物の身体の中に入ってみたら、目の前にどのような景色が見え、どのように感じるのでしょう？　動物目線から見えてくる「喪失」に着目しながら動物へのグリーフケアを行いましょう。

出会いのStoryによる心の変化

　飼い主さんがグリーフを抱えはじめ、病気が頭から離れず苦悩の状態が続いているときに、出会いのStoryを用いてみましょう。

　動物をやさしくなでながら、飼い主さんに以前に聞いていた「出会いのStory」を用いて柔らかい声のトーンで話しかけます。こうすることで、病気から一瞬、飼い主さんの気持ちを切り離すことができます。出会いのStoryは幸せな気持ちを呼び起こし、疲弊した心身を休息することができるのです。

❶ 飼い主さんの変化

- 表情がパッと明るくなり緊張が和らいだ表情となる
- やさしい目を動物に向けることができる
- 苦しみから解放されるひとときができる

❷ 飼い主さんの変化を読み取った動物の行動（例）

- 元気のなかった表情が変わり、うれしそうな表情や行動を飼い主さんに見せてくれる
- 伏せていた姿勢から顔をあげる
- 立ち上がってそばに歩いて来る
- 尻尾を動かして返事をする
- 安心して眠りはじめる

❸ 動物にやさしく接する獣医師や動物看護師の姿勢

　動物にやさしく接する動物看護師の姿勢によって、飼い主さんは緊張が軽くなります。うれしそうな表情を見せてくれる動物が飼い主さんの心の救いとなるでしょう。

　グリーフケアコミュニケーションにより、心のメッセージとなって「幸せ感」が伝達されます。動物、飼い主さん、獣医師、動物看護師の間に安全な空気が流れはじめます。

> **知っておこう**
>
> **出会いのSTORYを聞き出す質問の仕方（例）**
> - 「△△さんは、○○ちゃんとどのように出会ったのですか」
> - 「△△さん、○○ちゃんはどのようなきっかけで飼いはじめたのですか」
> - 「△△さん、○○ちゃんは初めてのコでいらっしゃいますか」

第2章　生前のグリーフケア

コラム

出会いのStoryのご紹介

Story 1

動物看護師：鈴木さんはゆきちゃんが生後5週間のころに出会ったのですよね？

鈴木さん：そうなんです。離乳できるかなって不安になるくらい……本当に小さくて。かわいくて。毎日が必死で大変でしたけれど、楽しかった

動物看護師：小さかったですね。鈴木さんがしっかり育ててくださいました

鈴木さん：ゆきという名は「幸」という気持ちを込めて、小さかったからとにかく頑張って生きてほしくて。14年間、本当にゆきには癒されました

動物看護師：生後5週間というときに鈴木さんに出会えたゆきちゃんは強運ですね。今日までとても幸せな毎日を生きてくることができました

鈴木さん：会社の帰り道だったのですが植え込みから声が聞こえてきて。たしかにあのとき、出会っていなかったら……見つけて本当に良かった

Story 2

動物看護師：ケンちゃんがお家に来てから、佐藤さんは息子さんとの会話が増えたって前に、お話しくださいましたね

佐藤さん：覚えていてくださったんですか。そうなんです。ちょうど息子が反抗期で……。ケンがうちに来るまでは、学校から帰るとすぐ部屋に入ってた息子が、気が付くとリビングでケンちゃんを抱いていたり。ソファで一緒に寝てたりして（笑）

動物看護師：ケンちゃん、お兄ちゃんと仲良しですね。息子さんはケンちゃんと一緒に成長されたのですね。とても良い時間だったでしょう

佐藤さん：本当に……このコが来てくれてどんなに癒されたか。本当に感謝しているんです

Story 3

動物看護師：ちょうど山本さんが体調を崩していらっしゃったときにご主人様がココちゃんを連れてきてくれたのでしたね

山本さん：ええ、そうでした。あのときは本当につらくて。子育てが落ち着いたらホッとしたのか、何もする気がしなくなってしまったのです

動物看護師：ココちゃんが来てからは忙しくなりましたね

山本さん：主人が心配して、犬がいたら良いんじゃないかって、このコを連れてきたんですよ（笑）。また子育てが始まったのですが、気が付くと元気になっていました

動物看護師：ココちゃんはもう山本さんのお子さんですね。ココちゃんもママに出会えて幸せです

> **知っておこう**
>
> ### 飼い主さんと動物の愛着が強くなるケースではグリーフ反応が強く表れる
>
> ①自分自身が孤独を感じているときに出会った
> ②動物が生後間もない状態で出会った
> ③自分自身のペットとして初めて飼った
> ④自分がつらい体験をしているときに出会った
> ⑤人に対して不信や不安を持っていたときに出会った
> ⑥ケガをしていたり病気だった動物を保護して飼いはじめた
> ⑦子どもが自立したあとに出会った
> ⑧動物との暮らしが子どものころから夢だった
> ⑨夫婦間に子どもがいない
> ⑩小学生のときから結婚、出産まで一緒に暮らしてきた
> ⑪家族間の気持ちがバラバラになっていたときに出会った
> ⑫最愛の家族との死別の悲しみを癒してくれた

動物の目から景色を見て感じる

動物にとって大切な対象はどのようなことでしょうか？　動物の目線になって考えてみましょう。

人	・飼い主さん：単身、または家族。最初に出会った人物とは特別な絆を持つ場合が多い ・散歩で出会う人：定期的に交流している人々 ・親戚や友人、知人：ときどき出会う、自分に笑顔でふれあう人々　など
動物	・親、兄弟、同居の動物、散歩仲間、近隣の仲間
食事やおやつ	・におい、味、舌触り、フードのタイプ、量、食事の時間、食器　など
散歩や遊び	・散歩、ボール遊び、引っぱり合いっこ　など
お気に入りのもの	・タオルケットやタオル、洋服、おもちゃ、ぬいぐるみ　など
生活リズム	・出会ったころから続けられている生活習慣 ・大好きな人と過ごす時間
安全基地としての家	・住み慣れた部屋、寝床、お気に入りのスペース、ハウス、リラックスできる場所
家の空気	・家族の笑顔や穏やかな声、今までと変わりない日常
トイレ	・使い慣れた形、トイレシートや砂のタイプ、におい、置き場所、屋外
におい	・仲間や飼い主さん、自分自身、家や部屋、食べ物　など
スキンシップ	・抱っこ、添い寝、なでられること、マッサージ
パーソナリティーやプライド	・社交的なのか内向的なのか、依存的なのか独立心が強いのか、人見知り、動物見知りかなど、個々に違う感じ方や行動パターン
その他	・ドライブや旅行、ドッグラン、公園、毎年訪れる場所　など

好きな人　　好きな食べ物　　好きな遊び　　好きな場所　　猫のプライドの尊重　　犬のプライドの尊重

散歩　　大好きな仲間　　気持ちの良いこと　　リラックスできる場所　　興味のあること　　旅行

動物病院では疲れた表情の動物たちが、心地良い場では変化することも多い

第2章　生前のグリーフケア

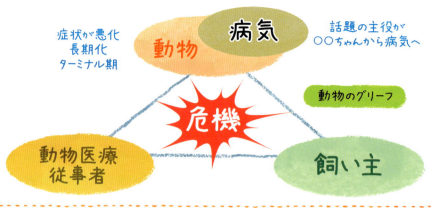
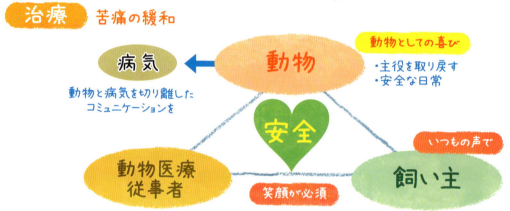

図2　主役を動物にすることで、安全感につながる

　犬や猫は誕生時に母親から舐められて育っています。動物が最初に体験する安全感は母親のほど良い温度の舌触りです。飼い主さんに母犬や母猫になったイメージを伝え、温かい手を使って頭から首筋、背中、頬や耳の下などやさしくゆっくりなでることを提案しましょう。

　ターミナル期の状況下では「病気」が主役になりがちですが、回復が難しい中で飼い主さんのグリーフは大きくなり、心身は疲れきり、エネルギーが得られません。

　出会いのStoryによって飼い主さんの気持ちは病気から切り離され、出会ったときの「幸せ感」を思い出すことによって心を休息する時間となるのです。

知っておこう

注意！　動物のグリーフは深刻なストレスの要因

　ターミナル期には医療を通して動物の大切な安全基地が奪われている状況も少なくありません。動物が警戒を強めてしまった結果、大切な心のエネルギーを消耗させてしまうのです。動物が弱っていく体を安心して投げ出せる環境を考えていきましょう。

リスクの高い検査や手術を予定している動物へのグリーフケア

高度な医療も選択できる環境となり、専門医や2次診療病院への紹介も増えてきました。飼い主さんが希望された場合には予約を取りますが、日時をお伝えしたあとのグリーフケアがなされず、現在の動物医療での盲点となっています。

獣医師へのアドバイス

動物目線のグリーフケアでQOLを守る

検査や手術が決まったあとは、受診の流れだけではなく、予定日を迎えるまでQOLが守られるよう動物目線でのグリーフを理解しましょう。

動物看護師に待合室などで飼い主さんに対するグリーフケアをお願いすることも良いでしょう。

知っておこう

予定日を迎えるまでに発生するグリーフとグリーフケア

❶ 動物や飼い主さんは受診日を迎えるまでどのように過ごしているだろうか

①飼い主さんは高度な診療が受けられる喜びから、獣医師から説明された数々のリスクを思い出し、徐々に不安や心配が大きくなる
・麻酔で死んでしまうかもしれない
・検査や手術中に死んでしまったら……
・術後に悪くなってしまうかもしれない
・もう家に帰ってこれなかったら……
・検査しても原因が分からないかもしれない……

↓

②飼い主さんの危機感が表情や行動に表れる
・動物を不安げに見る。話しかける
・動物の生活を制限してしまう（食事、散歩、遊び、好きな場所など）
・家族間の空気が悲しみや苦しみで重くなる
・動物のことが心配で目が離せなくなる

↓

③動物のグリーフは大きくなる
・動物は病気や治療のことは理解できず、家の空気に違和感を感じる
・当り前の日常が失われる
・安全基地が脅かされた環境で受診日を迎える
・深刻なストレス状態となる

❷ 予定日までに発生するグリーフを予測し、動物や飼い主さんのグリーフケアを行う

・動物と飼い主さんの絆が壊れない
・当り前の日常を続けられる
・喜びの多い時間となる
・安全基地が守られる
・動物のストレスを軽減できる
・笑顔が失われない

❸ 心のエネルギーが充電できたベストな状態で大きな挑戦ができる

・飼い主さんが大切なわがコを笑顔で手術や検査に送り出せる勇気を持てる
・動物がいつもと違う環境の下、大好きな飼い主さんの笑顔や声で救われる
・手術や検査中の最期を避けられなかった場合であっても、過酷なグリーフの中で間近までハッピーライフを共に送ることができた時間が支えとなる

第2章 生前のグリーフケア

入院時の動物へのグリーフケア

動物は高齢になっても心は1～2歳の子どもだと感じます。多くのご家庭で動物がわがコのような存在となっている現代、動物医療はヒトの小児科医療といえるでしょう。「痛みや不快感にアプローチする」「投薬や食事など管理を万全に行う」「治療効果を期待し医療を提供する」という姿勢は病気目線では重要となります。しかしながら、これだけでは動物の心を安全に守ることができません。

入院中の動物に対するグリーフケアは、親元を離れ入院中の子どもが違う環境で勇気を持って頑張れるようサポートを行っていきます。小児科医療を目指してチームの理解と協力が必須です。

幼いわがコを預ける飼い主さんの不安や心配をできるかぎり軽減できるような配慮が求められます。第2の安全基地となって最前の治療を提供するために動物の心のメッセージをキャッチできる獣医師、動物看護師となり、ストレスを癒せるよう動物目線でのグリーフケアを考えていきましょう。

知っておこう

入院中の動物のグリーフとできること

❶ 考えられる動物目線でのグリーフ

- ある日、突然お家という安全基地を失う
- 大好きな家族と分離された生活になる
- いつも一緒にいた仲間（同居動物）がそばにいない
- 周囲には初めて会う動物が多数存在する
- 寝床やトイレが変わる
- お家とにおいがまったく異なる
- 医療器具やカラーなど装着され、動きを拘束される
- 食べ物や食器が変わる
- そばに来る人が変わる
- 名前を呼んでもらえない
- 大好きだった散歩や遊びの機会を失う
- ママ（家族）の抱っこや膝の上に乗せてもらうことができない

❷ 入院動物のグリーフケア

- 大好きな家族との面会
- 仲間との再会
- 入院犬舎ではなく個室での面会
- 面会者のリラックスした笑顔や声
- 食べなれた食事やおやつの差し入れ
- 家族や仲間のにおいのついたブランケットなど
- ママの抱っこや膝の上
- 散歩や遊び
- 安眠できる寝床や使い慣れたトイレ
- やさしい声で名前を呼ぶ、褒める
- お家での（呼びなれた）ニックネームで呼ぶ
- 犬舎と猫舎に分ける
- ケージ内に箱やキャリーバックなど隠れ場所の設置
- 使い慣れた食器
- 癒しの音楽を流す

> **Point**
>
> 1. 出会いのStoryを知っておくことで、両者に結ばれた絆が見えてくる
> 2. 動物の中に入るイメージで、彼らの目からの景色を見てみよう
> 3. 好む場所をなでることで動物は安心する
> 4. 毎日、お家で呼ばれなれている名前（ニックネーム）は心地良い
> 5. 話題の主役を「病気」から愛すべき動物そのものに戻そう
> 6. 動物が安全基地を奪われ、当り前の日常を失っている状態ではグリーフは大きくなる
> 7. ターミナル期は動物にとって貴重となる命の最終章である

次のページから、事例によるコミュニケーション例を用いて解説していきます。それぞれの色は以下のことを示しています。
赤字：飼い主目線となり飼い主さんの抱えるグリーフの理解者として共感を表す
青字：飼い主さんの伝えてくる事実を復唱し、肯定の姿勢を示す
緑字：動物をコミュニケーションに入れながら、動物目線でのメッセージを伝える。飼い主さんの心の緊張を和らげる

第2章　生前のグリーフケア

事例 1

Aさんにとってフレンチ・ブルドッグのBくん（8歳）は息子のような存在。悪性リンパ腫が再発。治療による副作用があり抗がん剤を中止し対症療法を選択した。毎日がつらく苦しい。Bくんを見ると涙がこみあげる。

ココに注目!!

- Aさんが抱えるグリーフを十分に傾聴
- Bくんが心地良く感じることや好むこと、喜ぶことを引き出していく
- Bくんのグリーフを考える。大好きな楽しみが必要以上に制限されていないか
- AさんにBくんの気持ちを代弁し、楽しみを復活させる提案へつなげる

グリーフケアコミュニケーションを取り入れた対応例

動物看護師：Bくん、今日のご気分はどうかな？（Bくんの顔を見ながら、頭をやさしくなでる）

Aさん：まだ8歳なのに、かわいそうで……なんでこのコが病気になったのか……

動物看護師：Aさん、いろいろな気持ちが表れて精神的にだいぶお疲れの状態ですね……

Aさん：Bは私たちにとって初めて飼った犬なんです。私の飼い方が何か悪かったのでしょうか

動物看護師：そのようなお気持ちでいらっしゃったのですね……。（Aさんのグリーフを傾聴する）BくんはAさんと出会ってから子どもになってとっても楽しく暮らしてきたでしょう。ねえ、Bくん？（笑顔でBくんを見る。Bくんは顔をあげてうれしそうな表情を見せる）

動物看護師：BくんはAさんが大好きなのです。以前、ブリーダーさんでBくんに出会ったときのお話をお聞きしましたが、5頭いた中でBくんだけがAさんのほうに笑顔を送ってきたのですよね

Aさん：そうなんです。あのときはこのコに自然に引き寄せられたような気がします。Bと目が合った瞬間にもう抱っこしていました

動物看護師：BくんもAさんが見えた瞬間にこの人だって決めたのだと思います。Bくんと出会ってからAさんの暮らしがとても楽しくなったのではないかと思いますが、Bくんはどんなことが好きですか？

グリーフケアコミュニケーションの結果

Aさん、Bくんの両方に心の変化が表れます。

＊Aさんの心の変化

- 病気のことばかり考えていた自分に気づく
- 主役をBくんに戻したことで重かった気持ちが楽になる
- BくんのためにAさんにしかできないことがたくさんあることに気づく
- Bくんの喜ぶ時間作りを頑張る勇気が出る
- ママとしての自信を取り戻す
- 病気ではなく今までと変わらないBくんとの日常を続けようと決意する

＊Bくんの変化

- 表情が明るくなる
- 好きな場所でリラックスできる
- 短いながらも散歩を楽しむ
- 仲間とあいさつする
- 安心したような寝顔となる
- 夜、熟睡できる
- 気に入った食材をうれしそうに食べる

知っておこう

Bくんのグリーフ　〜Bくんが失った大切なこと〜

- 大好きなママの自分を呼ぶ声
- ママやパパの笑顔
- 引っぱり合いっこなど楽しい遊び
- 散歩
- 犬の仲間たち
- パパとママの和やかな会話
- 家にいる時間
- ママと一緒に寝ていたベッドの上
- 安全な食事（薬が混ざったことで味やにおいに違和感）

喪失した楽しみ

Bくんが失った大切なことを補えるような提案をしましょう。

- ママやパパの穏やかな声を聞かせる
- Bくんといるときは笑顔でいつもどおりに接する
- 楽しい散歩（抱っこでの散歩もOK）をする
- 犬の仲間と交流する
- ママとベッドでお昼寝する（落下防止のため短い時間）
- 夜は床に布団を敷いてママとパパと川の字で寝る
- 食べなれた（薬の入らない）食事をあげる（必要な投薬は別の方法を検討）
- いつもよりいっぱい抱っこする
- 褒める『良いコだね』を伝える
- 『大好きだよ』の気持ちを伝える

知っておこう

ターミナル期にできるプレゼント

　生前、大好きだったことをターミナル期ではプレゼントする気持ちに導くと、続けられることも多くなります。そして死後も一緒に楽しむ時間へとつながっていきます。動物の笑顔がターミナル期や死後の飼い主さんの支えとなるでしょう。

毎年訪れた八ヶ岳の広場

歩けなくなっても

亡くなった後も

第2章　生前のグリーフケア

事例 ②

猫のCちゃん（9歳）はDさんにとって姉妹のような存在。中学生のとき、通学路の植え込みにいたCちゃんと出会ってから、CちゃんはDさんの部屋で暮らしてきた。風邪の症状が悪化し、発熱、食欲がない日々。皮下点滴のため通院しているが、Cちゃんが病院に来るたびにとても怖がり、パニックなる姿を見て複雑な気持ちを抱えていた。

ココに注目!!

- CちゃんはDさんと出会ってからDさんの部屋がいちばんの安全基地だと理解できる
- Dさんの部屋を離れた後は、キャリーバックの中が第2の安全地帯である
- 診察室でキャリーバックから無理やり出される恐怖に共感する

グリーフケアコミュニケーションを取り入れた対応例

動物看護師：Dさん、昨日Cちゃんは頑張って点滴受けて帰りましたがお家に帰ってからの様子はいかがでしたか？

Dさん：帰ってからはずっと寝ていました。疲れてしまったのかもしれないですね。Cちゃん、病院で暴れちゃったから……（伏し目がちに）

動物看護師：Cちゃんは今まで元気で病院にはあまり来ることがなかったから、びっくりしてしまいましたね。CちゃんはDさんのお部屋だけで暮らしていると伺いましたが、他のお部屋には行かないのですか？

Dさん：中学生の時、まだ小さかったので私の部屋で飼い始めたのですが、大きくなっても他の部屋には絶対行かないのです。家族にも慣れなくて……

動物看護師：Cちゃんにとって安全な場所はDさんのお部屋だけなのですね。Dさんのお部屋から出ると危険を感じ、とても警戒するでしょう

Dさん：キャリーバックに無理やり入れて部屋を出るとずっと鳴きっぱなしで、車を運転していてもCちゃんに悪いことをしているんじゃないかって、悩みます

動物看護師：Cちゃんの気持ちを受け取って複雑なお気持ちになられますね。パニックになるCちゃんのそばでDさんも病院では緊張されるでしょう

Dさん：昨日は本当にどきどきしました。帰ってからもこれからどうしようかって……。Cちゃんを見ながら泣いてしまいました

動物看護師：（やさしくうなずきながら）そうでしたか……。CちゃんもDさんのご不安な気持ちを受け取って緊張していたかもしれませんね。安全基地だったお部屋の空気が変わってしまうと猫ちゃんは警戒します。頑張って治療を受けたCちゃんがお部屋でリラックスするためにはDさんがいつもと同じようにそばにいてあげることが大切なのです

Dさん：Cちゃんに伝わるのですね。たしかにそうかもしれません。ごめんね、Cちゃん

動物看護師：治療でもできるだけCちゃんが怖がらないよう考えていきますね。今日の皮下点滴はこのキャリーバックに入ったまま、できると良いですね。獣医師と相談しますのでご安心ください

グリーフケアコミュニケーションの結果

　Dさんの苦悩を傾聴した後、DさんをCちゃんの安全基地を守る方向へ導きました。
　Cちゃんの生育環境を知ることでCちゃんのストレスに配慮した治療を考えることができます。その結果、CちゃんやDさんにとって診察室が危険地帯になることを避けられています。

知っておこう
動物が病院で感じるストレス

　動物は多種多様な環境で生育し、性質も個々に異なることから、治療に対するストレス度も違ってくることを知っておかなくてはなりません。
　また、野生動物の社会では、最大のストレス源は自身の天敵と遭遇することです。獣医師、動物看護師は動物の味方であることが求められ、動物目線でストレスに配慮し、動物の天敵とならないように治療を施すことが重要です。

第2章 生前のグリーフケア

理解度チェックテスト

解答・解説 p.94

問7 動物医療グリーフケアについて間違っている記述を、①〜⑤の中からひとつ選びなさい。

① 飼い主さんから動物との出会いや生活環境など個人情報を聞き出す姿勢は控えたほうが良い
② 動物病院内の人間関係は動物にとって安全な空気であることが第一である
③ 入院動物看護とは、治療だけではなく動物の不安や恐怖に配慮することが重要である
④ 動物のグリーフをイメージすることは、ターミナルケアでの提案につながる重要な要素である
⑤ 動物へのグリーフケアは、ターミナル期の動物が抱えるストレスの軽減を期待できる

解答 □

問8 動物目線でのグリーフについて正しい記述を、①〜⑤の中からひとつ選びなさい。

① グリーフによる心と体の反応は人にだけ表れる
② 動物医療グリーフケアは人に対して実施すれば良い
③ 入院看護とは、食事給与や投薬など獣医師から指示された行為を行うことを意味する
④ 動物にとって重要なホームとは、安全基地を意味する場所である
⑤ 動物の病態の回復が難しいターミナル期では、入院治療を提供することが最善であり動物の幸せにつながる

解答 □

3 若齢でハンディキャップが発見されたとき

グリーフの特徴と注意点

　世界中でたった一頭の動物と一人の人が奇跡的なタイミングで出会い、互いに必要としながらペットライフが始まります。出会う前とは家の空気が変わり、人は精神的エネルギーを高めていきます。家に帰宅する楽しみが増え、自分を待つ動物が存在することに喜びを感じます。母親のように、食事やトイレ、寝床などの世話をしながら子育てを通して愛着関係が形成されます。

　幸せなペットライフがスタートして間もなく、若齢のわがコに先天性の障害や母子感染による病気が見つかり告知を受けた飼い主さんのグリーフは大変強く表れます。飼い主目線での衝撃期や悲痛期の心理への理解と動物目線での安全感を導く提案が必要です。

　早期に病気が発見された場合には症状は軽度であり、痛みや苦しみを緩和できれば動物自身の表情は日常と変わらないことが多いです。飼い主さんは動物が「つねに苦しんでいる」と思い込みがちで、飼い主目線でのグリーフが先行しやすくなっています。動物目線のグリーフケアコミュニケーションを行い、飼い主さんと動物に安心感を与えましょう。

知っておこう

障害を持って誕生した動物の姿勢

- 病気の理解はできない
- 病気をハンディキャップとは思っていない
- ハンディキャップに適応して暮らす
- 寿命をまっすぐ生きている
- 安全な環境を望んでいる

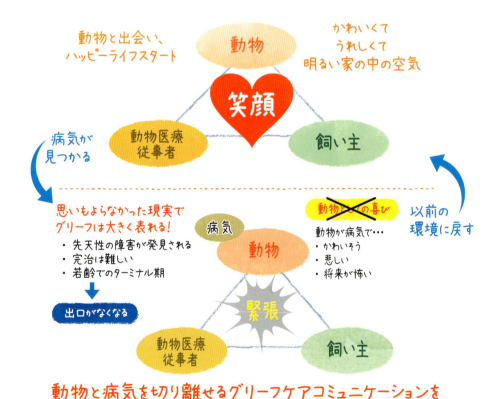

図3　体と心を安全に守る動物医療

出会って間もなく除去できない病気であることを宣告された飼い主さんに対しては、まずグリーフケアコミュニケーションによって病気と動物自身の存在を切り離すことが最重要となります（図3）。

目指すのは、生きている時間を伸ばすことよりも生きている時間の質を最大限に上げることです。どんな障害を先天的に持っていようとも、動物はそれを受け入れ、精一杯生き抜きます。そこで、個々の出会いには意味があるということに注目します。それぞれの出会いのStoryを踏まえつつ、質を向上させるにはどうすれば良いのかを考えるようにしましょう。

> **知っておこう**
>
> **人と動物の出会いによる相互作用**
>
> ・動物：人に出会ったからこそ、安全に寿命を楽しく生きられる
> ・人：動物に出会ったからこそ、先天的な障害があってもまっすぐ誠実に生きる姿から勇気をもらう

飼い主さんの心理過程

若齢での先天性の疾患や感染症などは飼い主さんにとって想定外の現実です。飼い主さんには衝撃期の心理が発生し、時間とともに悲痛期へと移行して動物との生活に対する危機感が高まります。この状況では動物目線となり、動物にとっての「安全環境」を考えるようにしましょう。障害を持って生まれたからこそ、不安や恐怖を感じさせない穏やかな生活環境が動物の幸せな暮らしにつながります。

> **知っておこう**
>
> **衝撃期の飼い主さんの心理**
>
> ＊**衝撃期の心理→ショック状態**
> ・感覚の鈍麻：頭の中が真っ白になる
> ・思考困難：現実を理解できない
> ・否認：信じられない、信じたくない
> ・原因を探し完治できることを懇願する
> ・体をなんとか支え立っている

> **知っておこう**

悲痛期の飼い主さんの心理

*悲痛期の心理→現実味を増す。予期グリーフの発生

- 病気に対する不安が止められない:「これからどうなるんだろう」「苦しんだらどうしよう」
- 将来に対する恐怖が高まる:「急に死んでしまったら……」「状態が悪くなっていったら……」
- 自信を失ってしまう:「これからどうしよう」
- 動物がかわいそうでたまらなくなる:「まだ若いのに……」「どうしてこのコが……」
- 現実を悲観的に考え始める:「もう何もできないのだ」「どうにもならないのだ」
- 悲しみが怒りとして表れる:「ペットショップが無責任だ」「病気のことを聞いていなかった」
- 緊張感が高まり眠れない:「大丈夫かな……」「発作が起こるかも……」
- 悲嘆が強まり笑顔が消え、涙を流す:「〇〇ちゃん……」

悲痛期の心理 現実味を増す

　衝撃期の飼い主さんがありのままの気持ちを表現できる環境と、大切な動物をコミュニケーションの中心にした対応は飼い主さんの心を自然に癒し、グリーフの心理過程を回復期へと進めることができるのです。

> **Point**
> 1. 飼い主目線でのグリーフが発生しやすい
> 2. 病気と動物自身を切り離して考える
> 3. 生きている時間を伸ばすことより、生きている時間の質を最大限に上げることを目指す
> 4. 若齢でのハンディキャップは飼い主さんにとって想定外の現実

ここからは、事例によるコミュニケーション例を用いて解説していきます。それぞれの色は以下のことを示しています。
赤字：飼い主目線となり飼い主さんの抱えるグリーフの理解者として共感を表す
青字：飼い主さんの伝えてくる事実を復唱し、肯定の姿勢を示す
緑字：動物をコミュニケーションに入れながら、動物目線でのメッセージを伝える。飼い主さんの心の緊張を和らげる

事例 1

Aさんが結婚してから初めて出会ったラブラドール・レトリーバーのBくん。生後3カ月のワクチンの追加接種時に心雑音を認め、鑑別診断を得るため大学病院での検査を指示された。待合室で会計を待つAさんが動物看護師を呼びとめた。

第2章 生前のグリーフケア

ココに注目!!

・Aさんは初めて犬を飼ったということ
・Aさんのショックは大きく、獣医師の説明が理解できていない可能性が大きい
・不安や恐怖といった予期グリーフへのケア
・不明な点など質問に対していつでもお答えする姿勢をみせる

好ましくない対応例 〜動物医療従事者ベースでの対応〜

Aさん：すみません。さっき心臓に何か障害があるって言われたのですが……。信じられなくて。家ではとても元気なので……

動物看護師：聴診時に雑音が聞かれたので超音波検査をしています。残念ですが先天的な心臓の障害があるようですね

Aさん：1カ月前、ペットショップでは何も聞いていなくて……もうどうしたら良いのか……

動物看護師：詳しくは大学病院での検査結果で分かりますが、生活面で注意していきましょう。先生からお話があったと思いますが、散歩や遊びで心臓にあまり負担をかけないようにしてくださいね

Aさん：散歩はだめですか……。Bもこれからやっと散歩デビューできると思って喜んでいたのに……

動物看護師：興奮すると心臓に良くないので、注意が必要です。でも早く見つかって良かったですよ。生活での注意点を守ってください。では大学病院の予約を取りますね

Aさん：はい……やはり大学病院に行くしかないですよね……1日も早く予約を取っていただかないと……分かりました

このコミュニケーションの結果

Aさんの表情に配慮することなく動物医療従事者ペースで現状を伝えています。動物医療従事者目線でのマニュアル的な対応となっていることで、Aさんの不安や恐怖は緩和されず、帰宅後も新たにグリーフが加わる可能性が高くなります。グリーフの抱え込みが進まないよう、Aさんの気持ちを十分に引きだし傾聴することが重要です。

グリーフケアコミュニケーションを取り入れた対応例

Aさん：すみません。さっき心臓に何か障害があるって言われたのですが……。信じられなくて。家ではとても元気なので……

動物看護師：Bくんに心臓の病気が見つかって驚かれたでしょう。お家では元気なのですね。たしかにBくんのお顔はとってもうれしそうです

Aさん：そうなのです。だから信じられなくて。1カ月前、ペットショップでは何も言われませんでした。初めてのことでこれから先、どうしたら良いのか……

動物看護師：Aさんはワンちゃんをお飼いになるのは初めてでしたね。分からないこともたくさん出てくると思いますが、どのようなことでも私たちにご相談くださいね

Aさん：そうなんです。ほんとに初めてなので何が何だか分からなくて。さっき、先生から散歩や遊びの制限について説明がありましたけど……。Bが散歩デビューできると思って喜んでいたのです……

動物看護師：そうですよね、ワクチンが済んだら散歩に行けると思って楽しみにしていらっしゃったでしょう。大学病院での検査でBくんの心臓の状態が分かってくると思いますが、今は急に病気のことをお聞きして、信じられないでしょう

Aさん：Bがかわいそうで……。大学病院での検査だなんて……

動物看護師：（Bくんをなでながら）BくんはAさんのそばでうれしそうですね

Aさん：たしかに……病気には見えませんね

動物看護師：Bくんは病気のことも検査のこともちろん分かりません。Aさんと出会ってペットショップからAさんのお家に行きました。Aさんがそばにいる暮らしになって、Bくん、とっても安心していると思います

Aさん：このコはなぜかすぐにわが家に慣れて、おなかを出して寝てたんですよ

動物看護師：（Bくんをなでながら）Aさんのやさしい声やにおいも好きですね。Aさんのお家はあっという間にBくんにとって安全基地になったのですね

Aさん：そういうことなのですね！　もし安全基地になっているなら私もうれしいです

動物看護師：（Bくんに話しかける）Bくん、検査を頑張ったらお家でリラックスしよう。お散歩はちょっと少なくなるけれどその分、他のことでいっぱい楽しもうね！　ママと一緒に考えていくからね！

Aさん：さっきはもうショックで悪いことしか考えられなかったけれど、今は少し気持ちが楽になりました。お忙しい中、気持ちを聞いてくださってありがとうございました。動転していて大学病院での検査についてよく分かってなくて……申し訳ありませんがもう一度教えていただけますか

グリーフケアコミュニケーションの結果

Aさんの表情からグリーフへの共感を表した一言が大切。Aさんはグリーフを話しやすくなります。また初めて犬と暮らす飼い主さんの目線となり傾聴しながら、犬が中心となるようなコミュニケーションを心掛けることで、飼い主さんの緊張が和らいでいます。その結果、衝撃期や悲痛期で混乱する飼い主さんの安堵感につながっています。理解困難だった点も質問しやすい状況が生まれ、お答えすることによって新たなグリーフを防ぐことができます。

事例 2

Cさんは3週間前に生後8カ月くらいの猫（雄）のDくんを保護。去勢手術の相談に来院された。自宅には3歳の猫（雌）のEちゃんがいるため、念のためにウイルスの抗体検査を実施。待合室で検査結果を待つCさんの表情から不安感や緊張が伝わってきたため動物看護師が声をかけた。

ココに注目!!

・飼い主さんは緊張状態にある
・やさしい気持ちで動物とコミュニケーションをとる姿勢によって、ごく自然に飼い主さんの気持ちを和らげることができる

グリーフケアコミュニケーションを取り入れた対応例

〜動物看護師が静かにそばに寄る〜

動物看護師：Cさん、Dくんの検査でしたね。結果をお待ちになる間、緊張されるでしょう

Cさん：えぇ……もうエイズや白血病が陽性だったらと思うと不安で……

動物看護師：そうですよね……。Dくんはたしかお家の近所で出会ったコでしたね

Cさん：そうなんです。もう家にはEちゃんがいるからもう1頭飼うつもりはなかったのだけど、仕事の帰りにDが付いてきちゃって

〜キャリーの中のDくんを覗きこんで話しかける〜

動物看護師：Dくん、ママに付いて行ったのね。ママに出会えて幸運だったね！

Cさん：初めて会ったのに足にからだを寄せてきてゴロゴロ言って、このコ

動物看護師：そうだったんですね！ DくんはCさんを警戒しなかったのですね

Cさん：家にもすぐに慣れて。でもEちゃんがいるから検査はしたほうが良いと言われて。でももし検査で陽性だったらどうしましょう……。Eちゃんに悪かったと思って

動物看護師：Eちゃんは陰性でしたから、Dくんが陽性だったらと思うと不安になりますよね。Dくんが来てからEちゃんの様子はいかがでしょう？

Cさん：最初から出窓から眺めている感じで怒ったりはしなかったですね。Eちゃんはとてもやさしいコなのです。昨日は近寄ったDを舐めてくれて……びっくりしました

動物看護師：そうですか。Eちゃん、やさしいですね。Dくんを弟のように感じたのかもしれません。かわいい姉弟になりそうですね。もしDくんが陽性だったときには注意点をお伝えしますが、EちゃんもDくんも、Cさんのそばで楽しく暮らせる方法を一緒に考えていきましょう

Cさん：そうですね。2頭の姿を見てるだけで癒されますね

動物看護師：（Dくんに話しかける）Dくん、Cさんとお姉ちゃんと出会って良かったね

グリーフケアコミュニケーションの結果

Cさんの表情からグリーフに気づき、共感目線から一言をかけたことで、Cさんのグリーフの抱え込みを防いでいます。CさんとDくんの出会いやDくんとEちゃんのお家での様子をお聞きすることで、CさんがDくんと病気を切り離して考えることができるようになります。

> **事例 3**
>
> 1年前に愛犬のFちゃんを16歳ときに自宅介護で看取った後、家族の願いもあり新しくポメラニアンの女のコ、Gちゃんと暮らしはじめたHさん。今回、不妊手術をする際に術前検査で腎臓に障害が見つかった。Fちゃんは大きな病気もなく長生きしてくれたため、Gちゃんの病気を知り大きく動揺している様子が見られた。

ココに注目!!

・飼い主さんは緊張状態にある
・やさしい気持ちで動物とコミュニケーションをとる姿勢によって、ごく自然に飼い主さんの気持ちを和らげることができる

グリーフケアコミュニケーションを取り入れた対応例

動物看護師：Hさん、Gちゃんの腎臓のことは思いがけなくて驚かれたでしょう……

Hさん：もう全く考えてなくて……本当に元気いっぱいで、Fよりもすごくお転婆で。まさか、そんなことが見つかるなんて……

動物看護師：（Gちゃんに話しかける）Gちゃんは、Fちゃんよりお転婆なのね（笑）。Gちゃん、とっても可愛いね。（Hさんを見ながら）Fちゃんはとって

もやさしい女のコでしたね、病院でもお利口でいつも笑顔に癒されました

Hさん：Fのこと、覚えていてくれてありがとうございます。あのコは小さいときから本当に穏やかでした。亡くなって、さびしくてね。Gと出会って私も家族もこの明るさに救われています

動物看護師：（Gちゃんを見ながら）Gちゃん、本当に明るいね！　みんなを楽しくさせてくれてありがとう

Hさん：このコ、褒められるのが大好きで、ねえ、G（笑）。（Gの頭をなでる）

動物看護師：（Gちゃんを見ながら）Gちゃんは褒められるのが大好きなのですね！　今回、Gちゃんの腎臓に先天的な障害が見つかって**とてもショックだったでしょう**……でもGちゃんはとっても元気で笑顔いっぱいです

Hさん：本当に！　腎臓のことがうそみたいです

動物看護師：痛みや苦しみがなかったらわんちゃんはいつもどおり笑顔で生活できるのです。でもHさんがご不安な表情を見せると、きっとGちゃんは理由が分からず緊張してしまいますね

Hさん：私の気持ちがGに伝わってしまうのですね……たしかにそうですね

動物看護師：これからもいっぱい褒めてあげてください。GちゃんにとってHさんやご家族と暮らすお家が安全基地です

グリーフケア コミュニケーションの結果

新たに家族となった愛犬に先天性の障害が見つかり、漠然とした不安を抱えるHさんに、愛犬とふれあう姿を見せることでHさんの緊張がリラックスに変わります。

また、1年前に亡くなった愛犬の様子を思い出し、お話することで一体感が生まれ、救いとなるでしょう。お家では病気が主役にならないよう提案もできています。

獣医師へのアドバイス

病気の説明より グリーフケアを優先しよう

検査によって先天性の障害が見つかった際には、予想外の告知となり飼い主さんの衝撃が大きく表れるのは自然です。衝撃期の心理状態をしっかり理解しておかなくてはなりません。ショック状態の飼い主さんに早急な病気の説明は避け、まずはグリーフケアを先行しましょう。動物の緊張が緩和できるよう動物とのコミュニケーションを忘れないことが大切です。その結果、飼い主さんの極度な緊張感の軽減につながるのです。また、説明を始める前に動物看護師にグリーフケアをお願いしても良いでしょう。

理解度チェックテスト

解答・解説 p.94

問9 衝撃期の心理状態について間違っている記述を、①〜⑤の中からひとつ選びなさい。

① 頭の中が真っ白になる
② 現実を受け入れられない
③ 思考の低下が見られる
④ 大きな怒りが表れる
⑤ 体をなんとか支え立っている

解答　□

問10 若齢で動物の先天的な障害が見つかり、衝撃期にある飼い主さんへのグリーフケアとして間違っている記述を、①〜⑤の中からひとつ選びなさい。

① ペットショップから購入して数日の場合にはペットショップに返すよう飼い主さんに提案することは、飼い主さんにとって救いとなる
② 若齢で障害が見つかることは想定外であり、飼い主さんに強く表れるショックや悲しみを引き出し、傾聴する
③ 動物は病気を理解できないため、動物自身と病気を切り離して提案していくことで安全基地であるホームを守ることができる
④ 悲痛に共感しながら、動物との出会いのStoryや名前の由来などをゆっくりお聞きする
⑤ 動物の名前を呼び、声をかけたり、なでたりすることで飼い主さんの緊張を和らげることができる

解答　□

4 動物が高齢になったとき

長く寄り添ってきた動物の存在

動物の寿命が延びていると同時に飼い主さんも年を重ね「老々介護」のような状況も多く見られるようになりました。例えばお子様が独立された50代のご夫婦が猫を飼い始め、その最終章を迎えたとき猫ちゃんが20歳であればご夫婦は70代という年齢になります。

また長い年月を共に生きてくると「このコがいる生活が当たり前」のような状況も自然に生まれます。小学生で動物に出会い、学生時代、社会人、結婚、出産まで20年近くを共に過ごしていらっしゃる飼い主さんにとって、動物が自分自身をいちばんそばで見てきてくれた大切な存在になっています。

病気に対する捉え方、治療に対する価値観、看取りに対する思いもさまざまに表れる中で、飼い主さんは「このコが苦しまないように」という願いをいちばんに持っています。

目の前で弱っていくわがコを見ながらグリーフを抱え込んでしまうことも少なくありません。飼い主さんがグリーフを抱え込み、動物が暮らす「安全基地」が脅かされることは、動物にとって最大のグリーフにつながります（p.6参照）。

> **Point**
> 1. 治療経過が長期になっている場合には飼い主さんの表情に注目し、傾聴により飼い主さんの生活の質が維持できているかどうか判断する
> 2. 高齢の動物にとって飼い主さんと出会ってから過ごしてきたお家が安全基地として維持できているかどうかの注意が必要である
> 3. 動物の生涯の最終章となる時間が飼い主さんとのハッピーライフになるよう飼い主さん、動物の両サイドから心と体が楽になる援助を考える
> 4. グリーフの心理過程をもう一度確認しましょう（p.2参照）

次のページから、事例によるコミュニケーション例を用いて解説していきます。それぞれの色は以下のことを示しています。
赤字：飼い主目線となり飼い主さんの抱えるグリーフの理解者として共感を表す
青字：飼い主さんの伝えてくる事実を復唱し、肯定の姿勢を示す
緑字：動物をコミュニケーションに入れながら、動物目線でのメッセージを伝える。飼い主さんの心の緊張を和らげる

事例 ①

愛猫の慢性腎不全で通院中のAさんご夫婦は70代。猫のBちゃんは15歳の女のコ。室内飼いをしていて、13歳までは大きな病気もなく健康に暮らしてきた。13歳後半から水をよく飲む姿が見られ始め腎臓の数値が高めだったため通院による皮下点滴、自宅では投薬、療法食が始まった。

ココに注目!!

・高齢の飼い主さんに対して励ましの気持ちで使っている言葉が第一声で「否定形」になってしまっていることが多い
・飼い主さん自身の死生観が反映してくることへの理解が必要となる

日常よく見られる対応

〜待合室を通りかかった動物看護師に、キャリーを膝の上に乗せて薬を待つAさんがお疲れの声で話しかける〜

Aさん：あの……薬はいつもと同じですか？

動物看護師：❶そうですね〜。いつもと同じお薬だと思います

Aさん：やっぱりちゃんと飲ませたほうが良いですよね……

動物看護師：❷そうですね。薬は先生の指示通り飲ませてくださいね

Aさん：はい……

〜Aさんが目を伏せたあと、もう一度動物看護師に気持ちを切り出す〜

Aさん：Bに薬を飲ませたりごはんを食べさせたり、Bのためだから自分たちにできることはしないと……と思っているのだけど……。おじいさんも年だから元気なくてだめなのよね

動物看護師：❸**いえいえ**、いつもご主人様もお元気そうで大丈夫ですよ！

Aさん：私だって年ですよ。腰は痛いし疲れやすくて。2人とも若くないから……

動物看護師：❹**そんなことないですよ**。お2人ともまだまだお若いじゃないですか

Aさん：でも……Bはうちにもらわれて来なければもっと世話してもらえたのに……。若い飼い主だったらもっと幸せかもしれないと思うとかわいそうで……

動物看護師：❺**いえいえ**、そんなことないですよ。Bちゃんは大丈夫ですよ。元気出してください。お2人が元気じゃないとBちゃんが悲しみますよ

Aさん：はい……。そうですね……

動物看護師：❻今回もお薬変わっていませんから、今までと同じようにできるだけ頑張ってBちゃんに飲ませてくださいね

知っておこう

注目！　動物看護師の対応❶〜❻の問題点

＊問題点
❶：Aさんの表情を見逃がしている
❷：Aさんの質問の言葉をとらえ、正論で答えている
❸〜❺：第一声で否定している（太字の部分に注目）。動物目線が欠如している
❻：自分目線の言葉になっている

＊解説
❶❷：グリーフケアコミュニケーションでは言葉より表情からメッセージを受け取ることが重要。正論で答えることで傾聴を難しくしている。
❸〜❺：励ますつもりで発する第一声の言葉が否定形になってしまっている。解決を急ぎ提案してしまうと、飼い主さんのグリーフへの共感が生まれない。一度ありのままの気持ちをキャッチすることで安堵感につながる。
❻：自分目線の言葉はあくまでも自分の正義や価値観であり、飼い主さんと心の温度差を作ってしまうことも多い

第2章　生前のグリーフケア

このコミュニケーションの結果

　前頁の対応例で動物看護師が使っている言葉は、特別に間違っているわけではありません。多くの動物病院で目にする光景です。飼い主さんを不快にしてしまうことはないのですが、同時にサポートにもなっていないことが多いのです。家に帰る飼い主さんを笑顔にすることはできません。

　「グリーフ」という心情に焦点を当てて配慮ができれば飼い主さんは安心してグリーフを吐きだすことができます。病院を出て行くときには安堵し、勇気が湧いているでしょう。

グリーフケアコミュニケーションを取り入れた対応例

Aさん：あの……薬はいつもと同じですか？

動物看護師：❶Bちゃんですね、いつもと変わらないと思いますが何かご不安なことがありますか？

Aさん：やっぱりちゃんと飲ませたほうが良いですよね……

動物看護師：❷お薬にご不安がありますか？　だんだん大変になっていますか？

Aさん：そうなんです。薬を飲ませたりBのためにできることをしたいと思ってるんだけど……最近、Bが嫌がるようになって。おじいさんも年だから元気なくてだめなのよね

動物看護師：❸Bちゃんが嫌がるのですね。毎日のことですから大変ですよね

Aさん：そうなんです。私も年ですよ。腰は痛いし疲れやすくて

動物看護師：❹長い間、Aさんもご主人様もBちゃんのために頑張ってこられてお疲れが出ていらっしゃいます。先日ご主人様がお薬を受けとりにいらっしゃいましたときにお気持ちなど少し伺えば良かったですね……。気づかなくて申し訳ありませんでした

Aさん：そんな……ご親切にありがとうございます。おじいさんと時々、Bはうちにもらわれて来なければもっと元気だったかもしれないと話したりしているんです

動物看護師：❺そのようなお気持ちでいらっしゃったのですね。Bちゃんを見ているとAさんに抱っこされているときがいちばん安心なお顔をしています。（キャリーの中をのぞく）Aさんの声を今もじっと聴いていますよね。Bちゃんはお家がいちばん好きでしょう

Aさん：B、聴いてるの（笑）。たしかにお家ではこのコの好きなようにしてますよ。それで良いのですね。おじいさんも待ってるから、B、お家に帰ろうか

動物看護師：❻Bちゃん、お父さんが待ってるお家に早く帰ろうね。Aさんの状況を先生に伝えますね。薬のことなど相談していきますので安心してください

グリーフケアコミュニケーションの結果

　Aさんは「Bちゃんはお家が大好きで幸せなのだ、自分たちが飼い主で良かったのだ」という飼い主としての自信を取り戻すことができました。

　獣医師とのパイプ役となり状況を説明しながら、Bちゃんや飼い主さんの暮らす安全基地を脅かさないように、自宅での看護について相談をしていきましょう。

> **事例 2** 肝不全のため日中入院し点滴治療を続けているCちゃんは16歳の女のコ。Dさんは朝愛犬のCちゃんを病院に預け、夜7時に迎えに来る生活を続けている。お迎えに来られたDさんは待合室で、目線を落としお疲れの表情が見られた。

ココに注目!!

- グリーフケアコミュニケーションは、言葉ではなく声、顔色から内面のメッセージを感じることが重要
- 飼い主さんに対して動物看護師がとった①〜⑥の行動に注目しましょう

第2章 生前のグリーフケア

グリーフケアコミュニケーションを取り入れた対応

①待合室のDさんのそばに静かに行く。表情に着目。共感目線から一言を投げかける

動物看護師：Dさん、少しお疲れの表情ですがご不安なことがありますか？

Dさん：最近、だんだん眠れなくなってきて……

②うなずきながら傾聴の姿勢となる

動物看護師：Cちゃんのことがご心配なのですね。

Dさん：えぇ……Cちゃんの気持ちが分からなくて。Cちゃんとは小学5年生のときに学校で出会って、ずっと一緒でした。でも今は毎日病院に置いていくから……これで本当に良いのかなって……

③出会いに焦点を当て、共感の姿勢となる

動物看護師：小学生のころから一緒なのですね！Dさんが子どもから大人になる変化の時代をCちゃんはずっとそばにいてくれたのですね

Dさん：そうなのです。いろんなときに癒してくれました。本当に感謝の気持ちでいっぱいです

動物看護師：Cちゃんがいるだけで元気になれたでしょう。16年前、Dさんが小学生のとき、学校でCちゃんと出会えて良かったですね

Dさん：本当に良かったです！Cちゃんはずっとわが家のアイドルで、皆からかわいいって言われるのが好きなんですよ

④安全基地が守られているかどうか、現状を引き出す

動物看護師：アイドルなのですね！Cちゃんはお家でDさんやご家族に褒められてとてもとてもうれしかったでしょう。出会ったときからCちゃんもずっと皆さんの笑顔を見ながら楽しく過ごしてきました。今はお家の雰囲気はいかがでしょう？Dさんもご家族も、Cちゃんが心配で表情が少し重くなっていないでしょうか

Dさん：そうですね……Cちゃんを見ているとかわいそうで涙が出てきてしまって。そういえば……最近、Cちゃんが大丈夫か心配で褒めていなかったかもしれません

⑤動物目線を尊重するアドバイスをする

動物看護師：Dさん、心配で眠れなかったと思います。Cちゃんもお家で皆さんが自分を見る表情や声が変わっていることで戸惑っているかもしれません。動物は病気のことが理解できないので……

Dさん：そうですね！Cちゃん、私のことを心配してじっと見ていたのかもしれません。Cちゃんに悪いことしちゃった。いっぱい笑顔を見せないと！

⑥安全基地を守るために必要な提案をする

動物看護師：時々、Cちゃんの目から景色を見てみましょう。きっとCちゃんの喜ぶことがいっぱい見えてきます。病院からお家に帰ったら、Cちゃんをかわいいって何度も褒めてあげてください。病気のことをどうしても中心に考えてしまいますが、お家ではCちゃん中心で今まで通りアイドル生活をプレ

ゼントしていきましょう

Dさん：はい！頑張ります！

グリーフケア コミュニケーションの結果

　Dさんは治療を続けながらも、お家の大好きなCちゃんにとって、本当に今のままで良いのか、Cちゃんは幸せなのかと不安でいっぱいでした。

　グリーフケアによってDさんは自分の気持ちからCちゃんの目線に視点を変えられたことで、今後の目標が見えてきたのです。安堵感と勇気を胸にCちゃんとお家に帰ることができました。

コラム

「安全基地の大切さ」を伝えるために

　飼い主さんから「動物が言葉を話してくれないから気持ちが分からない」という言葉をお聞きします。動物は人と共通の言葉を話さないけれど、動物と人とのコミュニケーションは言葉以外の表現でしっかりと成り立っています。獣医師に代わり動物看護師が動物の代弁者となり「安全基地の大切さ」を飼い主さんに伝えていきましょう。容易ではありませんが、自分自身のペースで一歩ずつ実践経験を重ねながら目指していただきたい役割です。

理解度チェックテスト

解答・解説 p.94

問11 高齢になった動物のグリーフに関して間違っている記述を、①～⑤の中からひとつ選びなさい。

① 飼い主さんが食事に薬を混ぜたことによって感じる動物の違和感はグリーフである
② 飼い主さんが1日でも長く生きていてほしいと願い、抵抗する動物に
　必死に薬を飲ませることは、動物のグリーフにつながる
③ 動物も高齢になると入院しているほうが急な事態にも対応してもらえるのでグリーフを
　避けられる
④ 動物がこれまで暮らしてきた安全基地が脅かされることは最大のグリーフである
⑤ 介護を通して大好きな人の笑顔や声が消えてしまうことは動物にとってグリーフである

解答 □

問12 高齢の動物と暮らす飼い主さんの抱えるグリーフについて正しい記述を、①～⑤の中からひとつ選びなさい。

① 長生きしたのだからグリーフはあまり大きく表れない
② 最期が来るのは当然であり寿命だと納得できるため、死後のグリーフは軽い
③ できるかぎりの治療を頑張ってすることで、グリーフを回避できる
④ 治療を続けていく中で、高齢の動物が本当に幸せなのかを迷い
　自信喪失や罪悪感などさまざまなグリーフが表れる
⑤ 長期に及ぶ介護の疲れから解放されることで死後のグリーフは表れない

解答 □

5 緊急のとき

緊急時に表れるグリーフとは

当り前の平和な日常から危機的状況を体験した場合には、多くの飼い主さんはショック状態に陥ります。その衝撃の大きさによっては「無感覚（感覚鈍磨）」「思考困難」「否認」の状態が強く認められます。これは人が衝撃から自分を守るための「自己防衛」と理解できます。顔面蒼白、放心状態、パニック、興奮状態、極度の緊張、震えなど個々にさまざまな表情となって表れ、その衝撃の大きさを私たちに送ってくるでしょう。

自分自身が慌てない

多くの動物医療従事者に、飼い主さんのいつもと異なる表情を見て、どのように対応したら良いのか分からず表面的な慰めや励ましの言葉をかけてしまう危険性があります。

また、気になりながらも距離を作り、遠くから眺めてしまうこともあるのではないでしょうか。この結果、飼い主さんは衝撃期を何が何だか分からない状況下で、不安や恐怖とともに「孤独」な時間を過ごすことになります。

動物看護師として行うグリーフケアの準備

緊急のときこそ、動物看護師として飼い主さんに寄り添う勇気を持ちましょう。最初にできるグリーフケアは次の2つです。

❶ イスの用意

大きなグリーフを抱えた状態で「立つ」行為は大変エネルギーを必要とします。飼い主さんの持つ衝撃の理解者となり、イスを用意して座っていただくことは飼い主さんの危機的状態に安全感を与え、最初の援助となるのです。

衝撃期ではご気分が悪くなったり、血圧が下がり倒れてしまう危険もあるため、配慮が必要となります。

❷「衝撃期」への共感の姿勢からお声がけ

グリーフケアコミュニケーションの例を以下にあげます。

・「突然○○○のような状態になったのですね……驚かれたでしょう……」
・「本当に急でしたね……何がなんだか分からない状態なのでは……」
・「全く○○○になるとは予想していらっしゃらなかったのです……ショックで今はまだ信じられないお気持ちでいっぱいでしょう……」

知っておこう

緊急時でのグリーフケアの流れ

1. ドアを開ける
2. 速やかにそばにかけつける
3. 支える。動物の状態を確認する
4. 診察室へ誘導する
5. イスを用意しておく、またはお持ちする
6. 動物を預かり、やさしく保定する。名前を呼ぶ
7. 「衝撃期」への共感目線から言葉をかける
8. うなずき。途中で遮らない
9. やさしく復唱する
10. 現在の衝撃について「繰り返し」「十分に」吐き出させる
11. そばに寄り添うだけでも心強い。肩や背に手をかける
12. ティッシュペーパーの用意、空気調節など環境への配慮をする
13. 動物目線となり動物のメッセージを伝える
14. 動物が安心するために必要な飼い主さんの協力を提案する

Point

1. 予想外の異変では飼い主さんに「衝撃期」が強く発生する
2. 動物医療従事者側が慌てない
3. イスを用意する
4. 肩に手を添える

次のページから、事例によるコミュニケーション例を用いて解説していきます。それぞれの色は以下のことを示しています。
赤字：飼い主目線となり飼い主さんの抱えるグリーフの理解者として共感を表す
青字：飼い主さんの伝えてくる事実を復唱し、肯定の姿勢を示す
緑字：動物をコミュニケーションに入れながら、動物目線でのメッセージを伝える。飼い主さんの心の緊張を和らげる

事例 1　予期せぬ事故〜散歩中の咬傷事故、交通事故、室内外でのケガなど〜 Aさんがぐったりした Bちゃんを抱えて病院に駆け込んで来た

Aさん：今、電話したんですが……あ……どうしましょう……Bちゃん、Bちゃん……

動物看護師：Aさん、お待ちしていました。どうぞ、診察室にお入りください。

ココに注目!!

・おかけする言葉を模索するより、行動が大きなサポートとなる
・愛犬を抱っこしたまま、ドアを開けるのは困難なことも多い
・衝撃期は思考力、理解力が大きく低下している

グリーフケアコミュニケーションを取り入れた対応例

①電話連絡が事前に入っている場合には、受付または電話を受けた動物看護師が獣医師に伝えたあと、入口を気にしながら受け入れ準備を始める。Aさんの車、または姿が見えた場合には入口に進みドアを開けて院内へ迎える。

②肩または背を支えながら診察室へ誘導する。

③診察の間、そばでAさんの顔色など様子を見ながらBちゃんをやさしく保定、またはお顔をなでながら名前を呼ぶ。

④処置の間はイスをお持ちして、AさんにはBちゃんのお顔の前に座っていただく。

・「Bちゃんが分かるようにお顔の前に座ってあげてくださいますか」

⑤必死な表情のAさんにショックの心情を引き出す一言をかけていく。

・「あまりに急で驚かれたでしょう……」
・「お散歩中だったのですね……突然のことで怖かったでしょう……」

- 「今は大きなショックで混乱されていらっしゃると思いますが……」
- 「ご気分は大丈夫でしょうか……もし悪くなりましたらおっしゃってくださいね」

⑥AさんにBちゃん目線からのメッセージを伝える。
- 「Bちゃんも驚いたでしょう……Bちゃんは病院に来るといつもうれしそうにしてくれて」
- 「Bちゃんにとっても思いがけなかったから本当にびっくりしたでしょう……」
- 「突然の出来事でBちゃんのショックも大きいですね」
- 「Bちゃんも不安になっています」

⑦Aさんの気持ちを傾聴する。⑥でBちゃんのメッセージを代弁することで、自分の気持ちでいっぱいだったAさんの気持ちが向く対象を、自分自身からBちゃんの気持ちへと変容することができる。
- 「本当にそうでした……このコが一番ショックかもしれないです」
- 「Bちゃん、痛いよね……不安だよね……」

⑧Bちゃんの心を安全にする方法を提案する。Bちゃんが安心できるようやさしく名前や言葉をかけていただくようお話しし、この苦しい状況下でもAさんがBちゃんに対してできることがあることに気づかせる。

- 「Aさん、とても苦しいときですが、Bちゃんはママがそばにいることを分かっています」
- 「ママがそばにいることがBちゃんにとっていちばん安心なのですよ」
- 「いつもの声で名前を呼んであげてくださいますか」
- 「お家でなでているようにBちゃんにふれてあげましょう。いつもBちゃんが気持ち良さそうにしていたのはどこでしょう？」

グリーフケアコミュニケーションの結果

緊急時こそグリーフケアを進めることが求められます。飼い主さんの危機感を安心感へ変えるためにはまず支援となる「行動」によるグリーフケアが必要です。

また、事故の場合は飼い主さんの罪悪感が強くなることも少なくありません。グリーフケアを進めながら、飼い主さんが今、自分がわがコにできることがあるということに気づき、わがコのために頑張る勇気を持っていただけるようにしましょう。

ここで生前に動物目線になり心に寄り添えたことが、動物と飼い主さんの絆を断ち切らず、もし今後どのような結果を迎えたとしても大きな救いにつながります。

事例 2 再来院日、担当獣医師の体調不良による不在〜怖がりで人見知りの猫など〜

Aさん：Aですが、B（猫）の再診をお願いします。担当はC先生です

ココに注目!!

・猫にとって病院は怖い場所になることも多くストレスフル
・特に臆病でとても人見知りの猫を連れてくる飼い主さんにとって、担当の獣医師は重要度が高い存在。急な不在は大きなグリーフを招きやすい
・**期待が外れたケースでは失望が怒りとなって表現されることも少なくない**

好ましくない対応例 〜新たなグリーフを招く対応〜

動物看護師：❶C先生は本日お休みです。申し訳ありません

Aさん：えぇっ、今日、診せてほしいと言われたのですが

動物看護師：❷C先生は急に体調を崩してしまってお休みなので、別の獣医師の診察になりますがよろしいでしょうか

Aさん：C先生、お休みなのですか……Bは人見知りでパニックになってしまうから。C先生にはようやく少しづつ慣れてきたところで……どうしようかしら……困ったなぁ……（困惑して）。お休みだと分かっていたら明日来たのに……

動物看護師：❸C先生も急な熱で連絡ができなかったのだと思います。もしご心配でしたら明日にされてはいかがでしょうか

Aさん：分かりました（不快そうに）。明日は電話してから来ます（怒って）

このコミュニケーションの結果

マニュアル的な対応によってグリーフケアの前に不在の理由を正当化しています。人見知りの猫ちゃんの飼い主さんにとって担当医がいないことの大きな不安への共感がなかったため新たなグリーフを与えてしまいました。

グリーフケアコミュニケーションを取り入れた対応例

動物看護師：❶Aさん、C先生とお約束でしたね。実はC先生、昨夜から熱が出てしまい、診察ができない状態なのです。ご連絡せず大変申し訳ありません

Aさん：えぇっ、今日、診せてほしいと言われたのですが

動物看護師：❷C先生の指示で来院いただきましたのにご不安にさせてしまい申し訳ありません。Bくんはとても怖がりで男性が苦手でしたよね？ 女性の獣医師が担当させていただきたいと思うのですがいかがでしょうか

Aさん：そうなの、Bはとても怖がりでいつもパニックになっちゃうから。そうねえ……女性のほうが良いかもしれないけれど……

動物看護師：❸Bくん、病院は嫌いだけど最近少しずつ我慢してくれていましたね。Bくん、ごめんね。こちらからAさんにすぐにご連絡を入れるべきでした。C先生のお休みをお伝えできていなくて本当に申し訳ありませんでした

グリーフケアコミュニケーションの結果

怒りを不満やクレームと受け取るのではなく、どれほど大きなグリーフなのかを理解し、グリーフケアコミュニケーションを実行した結果、飼い主さんは「自身のグリーフを分かってくれた！」という安堵感とともに、気持ちに折り合いをつけることができます。

> **事例 3** 慢性疾患で継続治療中の急変〜心不全、肝不全、クッシング症候群など〜昨日まで病状も安定していた愛犬のBちゃんが発作を起こし急に倒れてしまった。

ぐったりしたBちゃんを抱えて病院に駆け込んでこられたAさん。

ココに注目!!

・ショック状態で必死に来院され、Bちゃんに大変なことが起きて驚いている
・怖くてたまらない
・助けてと必死に救いを求めている
・共感目線の空気感を作ると、Aさんは現在の心情をそのまま表しやすい状況が生まれる
・動物医療従事者側のペースで進めてしまうと温度差を生む危険性がある

グリーフケアコミュニケーションを取り入れた対応例

Aさん：すみません！ AですけれどもBが急に倒れてしまって。昨日までいつもと変わらなかったのに……Bちゃん……なんでこんなことに……

受付：Aさん、Bちゃんが突然倒れたのですね！（そばに寄りBちゃんの様子を見る）今、すぐにお部屋を準備してお呼びしますからね

〜可能であれば他の動物看護師が速やかに対応し、受付の返事を待つ間、Aさんのそばに寄り添いBちゃんの状態を確認する〜

動物看護師：Aさん、Bちゃんが倒れたのですね。突然のことでびっくりされたでしょう

Aさん：もうパニックになってしまって……すぐに病院に連れてきたのですが

受付：Aさん、お待たせしました。どうぞ2番のお部屋にお入りください

〜動物看護師がそのまま寄り添いながらAさんを診察室に誘導する〜

場合によっては、獣医師、動物看護師が部屋の準備ができ次第、診察室から受付へAさんとBちゃんを迎えに行き、「Aさん、大変でしたね。お待たせしました。どうぞこちらへ」とご案内しても良いでしょう。

知っておこう

状態が重篤な場合

Aさんが来院された段階で、すみやかにBちゃんを預かり、処置室に入ります。待合室でAさんをお待たせする間、緊張が高まるAさんのそばで寄り添います。また、処置を受けているBちゃんの様子をAさんにお伝えすることも重要です。

獣医師へのアドバイス

ショックに寄り添う姿勢になろう

急変して亡くなってしまった場合に、衝撃の大きい飼い主さんに早急に死因の説明を始めることは避けましょう。正当化の印象を与えてしまう危険があります。顔や体をなでたり、遺体にやさしくふれあいながら、最近のお家での様子をゆっくりお聞きします。飼い主さんの驚きを受け止め、ショックに寄り添う姿勢になりましょう。死因の説明は、家族を同伴していただいてから行いましょうという提案も良いですね。

グリーフケアコミュニケーションの結果

慢性疾患の場合、飼い主さんは対症療法で進行を抑えながら、日常に近い生活ができているため、急変によりパニックになることも自然です。衝撃状態に対し、やさしく肩に手を添えるなどタッチングにより安堵感を大きくすることができます。

事例 4

予期せぬ動物の行動〜飼い主さんの体調不良時や外出時など〜
Bちゃん（中型犬）には日頃から誤食癖があり気を付けていたAさん。ご自身の体調が悪く、テーブルの上に自分の薬を置いて少し眠っている間に、Bちゃんがシートごと食べてしまった。

ココに注目!!

・飼い主さんの体調が悪いため、イスなど配慮が必要
・飼い主さんの薬を誤食してしまったため、薬の種類を特定する必要がある
・飼い主さんは日頃から気を付けていた
・飼い主さんの体調がとても悪い状況では日頃できていることが難しくなる

グリーフケアコミュニケーションを取り入れた対応例

Aさん：（顔色も悪く疲れた表情で）Bちゃんが私の薬を飲んでしまって……

受付：BちゃんがAさんの薬を食べてしまったのですね。どのようなお薬でしょうか？

Aさん：最近、頭が痛くて病院に行ったんですが、頭痛薬と血圧の……、あともうひとつは……ごめんなさい……思い出せません

受付：頭痛薬と血圧のお薬ですね。どんな名前だったかお分かりになりますか

Aさん：シートに書いてあったのですが……

受付：（Aさんの顔色を見ながら）体調を壊していらっしゃるときに大変でしたね……今、思い出すことが難しいかもしれませんが、どのくらいの数だったでしょう？ シートも無くなっているのですね

Aさん：う……ん……3日分くらいは残っていたのですがシートもありません。それをほとんど食べてしまったのだと思います

受付：分かりました。お薬の名前を思い出すのは難しいですよね。Aさんの病院に問い合わせてみましょう。連絡先をお持ちでしょうか。Aさん、お身体大丈夫ですか？ Bちゃんをお預かりしますので、どうぞイスにおかけになり、お電話をかけてくださいね。もしお電話の途中で必要なときには私が変わって説明しますね

グリーフケアコミュニケーションの結果

Aさんの表情から体調を十分に配慮した対応です。Aさんへは共感目線で聞き取りをしながら、薬の情報を得るために適切なアドバイスができています。どうして薬を誤食されてしまったのかを責めてしまう姿勢はAさんに新たなグリーフを与えてしまい、自責や罪悪感が強まりますので避けましょう。

理解度チェックテスト

解答・解説 p.94

問13 緊急時のグリーフケアとして間違っている記述を、①〜⑤の中からひとつ選びなさい。
① 飼い主さんの来院の際に、病院のドアを開けて出迎える
② パニックになっている飼い主さんには早急に冷静になっていただくよう伝える
③ 診察室では説明を始める前にイスを用意する
④ 動物をお預かりしたあとに待合室などでお気持ちを傾聴する
⑤ 処置をする動物が安心できるようそばに座っていただくよう提案する

解答

問14 緊急時のグリーフで強く表れる心理過程として正しいものを、①〜⑤の中からひとつ選びなさい。
① 衝撃期
② 悲痛期
③ 回復期
④ 再生期
⑤ 回顧期

解答

第2章 生前のグリーフケア

6 過去の経験が影響を与えているとき

過去に経験したことの治療への影響

以前に飼っていた動物の闘病経過や看取りの状況が現在の動物の医療に大きく関与していることは少なくありません。過去に抱えた不安が恐怖に変わることで現在の動物への治療の決断を難しくします。

「共感」とは飼い主さんの目から見える景色をイメージして飼い主さんに表れているグリーフを理解することです。決して簡単なことではありませんが、日々の実践を通して経験を重ねていくことが大切です。

おさらい
p.7のPointをもう一度チェック！
1. グリーフはさまざまな原因により発生する
2. グリーフは心と体の自然な反応である
3. 新たなグリーフが加わると困難な状況を作り出す
4. 言葉にとらわれすぎない
5. グリーフは表情となって外面に表れる

Point
1. 過去のペットロスは現在の動物の治療経過に影響を及ぼす
2. 過去のペットロスを未解決なまま抱えているケースでは、過去のペットロスに対するグリーフケアが必要となる

次のページから、事例によるコミュニケーション例を用いて解説していきます。それぞれの色は以下のことを示しています。

赤字：飼い主目線となり飼い主さんの抱えるグリーフの理解者として共感を表す
青字：飼い主さんの伝えてくる事実を復唱し、肯定の姿勢を示す
緑字：動物をコミュニケーションに入れながら、動物目線でのメッセージを伝える。飼い主さんの心の緊張を和らげる

> **事例 1** 不妊手術を決意されたAさん。しかし、予定日の直前になると電話でのキャンセルが3回続いている。理由が明確ではない中で病院スタッフの間にもAさんに対する不信感が表れ始めている

ココに注目!!

・直前のキャンセルが続くと病院側としてはどうしても不信感を持ち始めてしまいます。しかし、診察時や不妊手術を決断されたときの声、顔の表情、身体の動きはどうだったかを振り返りましょう。
・今回キャンセルのお電話をいただいた際、Aさんの❶〜❹の声の表情や話し方はどうだったのでしょうか。言葉ではなく声の表情や話し方などから送られるAさんの内面のメッセージに焦点を合わせることが重要です。

第2章 生前のグリーフケア

好ましくない対応例〜動物医療者ベースの対応〜

Aさん：❶先日予約した不妊手術ですが……すみませんが今回もちょっと無理になってしまって。ぎりぎりで申し訳ありません
動物看護師：あ……そうですか……キャンセルということですね
Aさん：❷はい……
動物看護師：分かりました。では予約はどうされますか？
Aさん：❸ちょっとまだ……分かりません。少し考えさせてくださいますか？
動物看護師：そうですか……Aさん、大変申し訳ありませんが、今回で3度目のキャンセルになります。こちらも準備していますので次回はキャンセルのないようにしていただきたいのですが……

Aさん：❹本当に申し訳ありません……
動物看護師：いえいえ、大丈夫ですよ。ではご連絡をお待ちしています

このコミュニケーションの結果

直前でのキャンセルが続いたことで、飼い主さんに対して不信や責める気持ちが生まれています。日頃から来院時や手術を決める際のAさんの表情から、抱えているグリーフに気づいていない対応です。Aさんのシンプルだったグリーフが時間の経過によって不安が恐怖へ、疑問が不信感へ、悲しみが自責や罪悪感へと変化した結果、不妊手術を受ける勇気が持てなくなっています。(p.6参照)

グリーフケアコミュニケーションを取り入れた対応例

Aさん：先日予約した不妊手術ですが……すみませんが今回もちょっと無理になってしまって。ぎりぎりで申し訳ありません
動物看護師：Aさん、今日のBちゃんの不妊手術はキャンセルですね

Aさん：はい……
動物看護師：分かりました。Aさん、Bちゃんの様子はいかがですか？
Aさん：Bちゃんは変わりなく元気なのですが……
動物看護師：それは良かったです。ただAさん、少

動物看護師：Aさん、お疲れのご様子ですね

Aさん：……

動物看護師：この間診察にいらしたとき、手術を迷っていらっしゃいましたので何かご不安が大きいのではないのかと気になっていたのです。今、Bちゃんのことでご心配があるのではないでしょうか？

Aさん：実はBちゃんのことではなくて、前に飼っていたコのことなのです……

動物看護師：Aさん、Bちゃんの前に猫ちゃんがいらっしゃったのですね

Aさん：はい。こちらの病院ではないのですが、私が何も考えずに去勢手術をお願いして、手術後、すぐに死んでしまったのです……

動物看護師：Aさん、本当にショックでしたでしょう……

Aさん：まだ1歳でした。もし自分があのとき去勢したいと思わなかったら、生きていたかもしれないと思うと申し訳なくて……

動物看護師：Aさん、長い間そのようなお気持ちを抱えてらっしゃったのですね……

Aさん：3年間、誰にも話すことができなくて……。あまり考えないようにして過ごしていたのですが、ふと入ったペットショップで3カ月のBちゃんと目が合って……。今回は犬で女のコだから自然なまま飼うことができるかなって……

動物看護師：そうだったのですね。今までAさんが前に飼っていた猫ちゃんのお話を伺っていませんでした。Bちゃんの不妊手術の決断は難しかったでしょう。不妊手術は病気の予防もできますのでご理解をいただいていたと思いますが、前に猫ちゃんでそのような体験をされましたAさんにとって、悩まれたことでしょう。本当に大きな恐怖をお感じだったと思います

Aさん：こんなふうにCくんのことを口に出して話せたのは初めてです。お忙しいのに、聞いてくださいましてありがとうございました

動物看護師：もしご無理でなかったら、次にご来院されるときに私でよろしければお気持ちを聞かせてくださいますか。Bちゃんの不妊手術の日程はAさんのお気持ちに合わせながら決めていきますのでご安心ください

Aさん：ほっとしました。話せて楽になりました。ありがとうございました

グリーフケアコミュニケーションの結果

Aさんは3年間抱えてきた気持ちをゆっくり吐き出すことができました。動物看護師が過去のペットロス体験を知り、Bちゃんの不妊手術への不安や恐怖への理解者となることで、Aさんは孤独感から救われます。Aさんは、BちゃんをCくんと切り離して不妊手術を考える勇気を持つことができました。

理解度チェックテスト

解答・解説 p.95

問15 グリーフケアにおける「共感の姿勢」の説明について正しい記述を、①〜⑤の中からひとつ選びなさい。

① 飼い主さんの話を聞きながらあいづちをうつことである
② 飼い主さんの気持ちを自分自身に置き換えて感情移入することである
③ 自分の過去の体験を思い出し自分の気持ちを伝える姿勢である
④ 飼い主さんの目から景色を見るイメージを持ちありのままの気持ちを受け取ることである
⑤ 飼い主さんが早く元気になるよう慰めの気持ちを伝えていくことである

問16 動物医療におけるグリーフについて間違っている記述を、①〜⑤の中からひとつ選びなさい。

① 決断を難しくする要因のひとつに過去のペットロス体験が考えられる
② 飼い主さんにグリーフが表れるのは動物の死後であり、ペットロスを意味する
③ グリーフケアは動物や飼い主さんだけでなく、動物医療従事者にとっても重要な知識である
④ グリーフは生前と死後に表れる喪失に対する自然な心と体の反応である
⑤ 生前に表れるグリーフと死後に表れるグリーフには類似した心理過程が認められる

Chapter 3
死後のグリーフケア

> **本稿の目標**
> ・動物との死別後に表れるグリーフが個々に異なることを理解し、気持ちに寄り添いながら葬儀に対する価値観や死生観を引き出し傾聴できるようになる
> ・最大のグリーフが発生する最期の場面では動物の送り人としての役割を担い、飼い主さんが亡くなった動物と死後もありのままの気持ちで来院できる環境を目指す
> ・将来、命のバトンタッチにつながるようなホームドクターとなる

- 個々に異なるグリーフへの理解　　　　　　　　　　　　56
- ありのままの気持ちを否定しないグリーフケア　　　　　68
- 子どもに対するグリーフケア　　　　　　　　　　　　　74
- "送り人"としての役割　　　　　　　　　　　　　　　　80

1 個々に異なるグリーフへの理解

避けることのできないグリーフ

　幸せな看取りとは、飼い主さんにとってもっとも心のコントロールが困難となる時間に、動物医療従事者がその痛みに寄り添い協力しながら、動物にとっての心と体の安全な最期をプレゼントすることができるということです。

　そのようなお別れのときを迎えられた場合には、ペットロスという壮絶な悲しみは避けられませんが、大きな救いが存在します。そして、幸せな看取りの実現は、実は動物医療従事者にとっての救いへつながり、自分自身の心の安定のもと、ペットロスへも寄り添える環境につながります。

　動物の死後、グリーフは避けられません。誰しもが必ずグリーフを体験します。しかし、このグリーフは自然な心身の反応です。「ペットロス」という壮絶な悲しみはグリーフの中のひとつであり健全に回復する心のダメージなのです。

　ペットロスというグリーフを支える要素は次のようなものが考えられます。

知っておこう

グリーフを支える要素

＊生前の要素
- 動物との楽しい交流〜抱っこ、ふれあい、おしゃべりなど
- 動物の喜ぶこと〜食事、遊び、ドライブ、お出かけなど
- 動物のプライドの尊重〜動物としての生き方、習慣など
- 安全基地での生活〜リラックスできる日常、慣れ親しんだ生活など
- 家族の動物に向けられる笑顔や笑い声
- 出会いのStory
- 出会ってからのさまざまな体験
- 出会ってから挑戦したことや実現したこと
- 納得する治療を選択できたこと
- 動物の不安や緊張を緩和できたこと
- 終末期も笑顔を見せられたこと

＊死後の要素
- 動物病院でのスタッフとの交流
- 送り人（遺体へのお手当）
- お家での交流〜抱っこ、添い寝、ふれあい、おしゃべりなど
- 大好きな人との再会
- 手紙や似顔絵、足形スタンプなど
- 生前好きだった場所への外出や喜んだ行動の再現
- 同居の仲間とのふれあい
- 十分なお別れの時間
- 納得のいくお葬儀
- 遺骨の存在（飼い主さんが必要とする場合）
- グリーフの理解者やありのままでいられる安全基地の存在

このような要素が多くあるほど、死後のグリーフから順調に回復することができます。

愛着とグリーフの関係

動物は言葉で否定をしない、優れたコミュニケーション力の持ち主です。また、毎日世話をする必要があるため、飼い主さんは動物にわがコのように接することでしょう（図4、表6）。このような背景

世話・子育て
食事
トイレの世話
散歩

ふれあい・抱っこ
遊び　抱く　触る
温かい　肌触り
柔らかさ

言葉で拒否しない、優れたコミュニケーション力の持ち主
笑う
アイコンタクトやボディランゲージ
そばにいる

動物がホームの役割
- 一人ぼっちにしない・寂しさが軽くなる
- 不安が安心へ・心の支えとなる
- 勇気が出る・喜びの共有
- 楽しむ・話し相手となる・必要とされる

安全感を得る

図4　動物と人との愛着が形成される要因

から、飼い主さんには動物に対する強い愛着が形成され、それを失った際のグリーフはとても大きくなります。

このような場合、共依存を否定するのではなく、必要とし必要とされた生活がどれほど幸せだったかを改めて認める姿勢により、飼い主さんの緊張が緩和します。

表6　愛着が強くなる環境

・動物が自分の困難な時期を乗り越えさせてくれた	・動物を苦境から救った。保護動物である
・動物とともに子ども時代を過ごした	・一人暮らし
・動物への依存がかなり強い	・人間不信である
・動物が重要な心の支えとなっている	・動物だけが心から信じられる存在
・動物が子どもやパートナーのような存在	・安心できる唯一の対象
・動物が他の大切な思い出や人、場所、出来事などとつながっている	・初めて飼った動物である
・動物を長い間ずっと看病（介護）している	・動物といつも一緒にいたい　など

悲しみの表れ方と捉え方

悲痛期の飼い主さんの悲しみが、怒りのように表現されることがあります。このような場合は「責められた」「怒っている」と思い、自分自身が壁を高くし防衛したくなりますが、ここで肯定的な思考に転換します。**「怒りは悲しみの極限の形」**だと受け入れ、どのような深い悲しみを抱えているのか聞こうという姿勢で接しましょう。悲しみの原因が見えてきます。

❶ マイナスなとらえ方（例）

・飼い主さんがこれまで動物に寄りかかりすぎる生活を変えなかったからペットロスが重くなったのだ
・飼い主さんのせいだから仕方ない
・これまでの医療に不信や疑問を持たれることは許せないから死後にかかわるのは避けたい
・できれば飼い主さんに死後は病院に来てほしくない
・ペットロスへの対応は自信がないためできない
など

❷ プラスなとらえ方（例）

・飼い主さんは動物と出会い、お互いに生活を楽しんでこられたのだ
・ペットロスは生前の日々が幸せいっぱいだった証なのだ
・これまでの医療への不信や疑問も自然なグリーフの表れなのだから、最後まで傾聴することが大切だ
・ありのままの気持ちを打ち明けに死後も来院していただきたい
・ペットロスは自然な心情なのだから恐れずに向き合えるようになりたい
・Only one、Number oneの存在なのだ
・飼い主さんが動物の死によってやるせない悲しみを抱えているのだ
など

> **知っておこう**
>
> **要注意！　共感が感情移入にすり替わってしまわないようにしよう**
>
> ＊共感➡飼い主さんが主役。飼い主さんの目から景色を見るイメージで気持ちを受け取る
> ・○○さんは〜のように感じていらっしゃる
> ・〜な状況だから〜のように感じていらっしゃる
> ・自分自身が○○さんの状況に立ち〜だと感じる
> ・○○さんの状況は〜なのだと分かった
>
> ＊感情移入➡自分自身が主役。あくまでも自分の目から見える景色で気持ちを表す
> ・○○さんは〜のような気持ちに違いない
> ・自分だったら〜と思うから○○さんもきっとそうなのだ
> ・○○さんがかわいそうだ。お気の毒に
> ・私もペットロスを思い出しつらい。悲しみがこみ上げてきた

回復期へと進めるために

死後のグリーフケアコミュニケーションでは、生前と同様に心のメッセージのキャッチボールをします。飼い主さんの声、顔、体に表れる表情から共感目線での声掛けをしてグリーフを引き出し、傾聴、共感、提案へと進めていきましょう。ここでもグリーフの心理過程が大変重要となります。死後のグリーフ（ペットロス）の心理過程（p.2を参照）についてもう一度確認しましょう。

知っておこう

ペットロスの心情が悲痛期から回復期に進むためには提案が必要

同調だけでは、人（飼い主さん・動物医療従事者）の感情がメインとなり出口が見えなくなってしまいます。また、飼い主さんを早く元気にしたいと思い使ってきた言葉が自分目線の内容であったり、提案を急いでしまう内容だと新たなグリーフを与えてしまう危険があるので注意しましょう（図5）。

①「心」をキャッチせず「頭」で考える支援
- グリーフを軽んじてしまう
- 解決を急がせてしまう
- 落ち込まれると自分がつらい
- ほかのことと置き換えようとする
- 神や仏の言葉を借りようとする

傾聴を中断
提案を急いでしまう

②強者の目線での励まし
- 「がんばれ！」「いつまでもくよくよしないで」
- 強い態度で無理に落ち着かせる
- 冷静にアドバイスをする
- 正論を述べる
- 悲しむことを中断させる

正論
正しいことを言ってしまう
正論で壁が生まれる

③自分の価値観で判断する。決めつける
- 自分の死生感を押しつける

もう話したくない
ますます苦しくなる

図5　ペットの死後、衝撃期や悲痛期の飼い主さんの支援にならないコミュニケーション

Point

1. 生前の動物目線での提案は死後のグリーフの癒しや救いとなる
2. 動物と飼い主さんとの共依存関係が強いほど死後のグリーフは大きくなる
3. 自分自身が飼い主さんのグリーフに対し肯定的な姿勢となる
4. 衝撃期や悲痛期での正しいグリーフケアが鍵となり、飼い主さんの心情を回復期へと進めることができる

第3章　死後のグリーフケア

ここからは、事例によるコミュニケーション例を用いて解説していきます。それぞれの色は以下のことを示しています。

赤字：飼い主目線となり飼い主さんの抱えるグリーフの理解者として共感を表す
青字：飼い主さんの伝えてくる事実を復唱し、肯定の姿勢を示す
緑字：動物をコミュニケーションに入れながら、動物目線でのメッセージを伝える。飼い主さんの心の緊張を和らげる

事例 1

Aさんは猫のBくん（16歳）の腎不全のために静脈点滴に通院していたが、Bくんの怖がりな性格などから獣医師と相談し、3週間前から自宅での治療に切り替え皮下点滴を続けていた。2日前まで少量ではあるが缶詰などを食べていたBくんが、その日は何も口にせず、夕方病院に連れて行こうと思っていた矢先に、いつも寝ていた押入れの中で亡くなっていた。

ココに注目!!

・自宅治療を続けてきたこと
・動物医療従事者ではない飼い主さん自身が皮下点滴という医療行為を行ってきたこと
・少し目を離している間に亡くなっていたこと

日常よく見られる対応

～電話でBくんが亡くなったというご連絡をいただいた数日後、Aさんが動物病院に点滴の針や薬の残りを持って来院された～

動物看護師：Aさん、点滴の針やお薬をお持ちになられたのですね。こちらでお引き取りします

Aさん：ありがとうございます。針を見るとつらくなって……。Bに嫌なことをいっぱいしてしまって

動物看護師：Bくんはお家で点滴してもらったから元気だったのです。喜んでいたと思いますよ

Aさん：でも最初は抵抗していた点滴も、最後は逃げることもできずされるがままで……

動物看護師：Bくんはそれほど嫌じゃなかったのではないでしょうか

Aさん：いや、抵抗する力もなかったのかなと思うと悪かったと思って

動物看護師：そんなことはないですよ。Aさんは点滴を上手にされ、頑張ってこられました。大丈夫。きっとBくんは天国で喜んでいますよ

Aさん：はい……ありがとうございました

このコミュニケーションの結果

死後のグリーフでは後悔や自責の気持ちは自然な心情です。しかし、動物看護師は解決を急ぐあまり否定形での対応になっています。また、治療に関する自責の念を聞き、励ます気持ちから正論で答えていることで、ありのままの気持ちを理解してもらえないとAさんに感させ、最後は心を閉ざされてしまいました。

このようにならないために、どのような気持ちもまずは傾聴の姿勢をとり、Aさんの後悔や自責など心の痛みを理解することが大切です。また、傾聴後、Bくんの目線からメッセージを伝えると良いでしょう。

グリーフケアコミュニケーションを取り入れた対応例

〜電話でBくんが亡くなったというご連絡をいただいた数日後、Aさんが動物病院に点滴の針や薬の残りを持って来院された〜

動物看護師：Aさん、先日は大変悲しい中でご連絡いただきありがとうございました。今日は点滴の針やお薬をお持ちいただいたのですね。こちらでお引き取りします

Aさん：ありがとうございます。針を見るとつらくなって……。Bに嫌なことをいっぱいしてしまって

動物看護師：針を見るとやはりおつらいですよね……。お家でBくんに点滴しているときを思い出され、嫌なことをしてしまったと感じていらっしゃるのですね

Aさん：そうなんです。最初のころ抵抗していた点滴も、最後は逃げることもできずされるがままで……かわいそうだったなって

動物看護師：Bくんの様子が思い出されて複雑なお気持ちになりますね

Aさん：本当にね……。抵抗する力もなかったのかなと思うと悪くて。罪悪感でいっぱい。毎日遺骨に謝っているのです

動物看護師：亡くなった後には、どうしても後悔や自責、罪悪感が出てきますね。遺骨はお家にお連れになられたのですね。Bくんも大好きなお家にいられてほっとしているでしょう。Bくんの遺骨はどちらに置いていらっしゃるのですか

Aさん：リビングの出窓です。Bは出窓から外を眺めるのが好きで。鳥や虫を見てうれしそうに遊んでましたから

動物看護師：Bくんも居心地良さそうですね、きっと鳥や虫を眺めていますよ

Aさん：そうだとうれしいです！

動物看護師：罪悪感はなかなかゼロにできないと思いますが……。Bくんは点滴は嫌だったかもしれないけれど、お家で点滴を続けてくださったことでごはんを食べることも出窓で外を眺めることもできたように思います。Bくんの当り前の日常が続けられたのではないかな……

Aさん：たしかにそうかもしれません。前日まで食べて、トイレにも自分で行きました。点滴のおかげで日常を続けられたかもしれません！ そう思うと気持ちが少し楽になりました。今日は思い切って病院に来て良かったです。ありがとうございました

グリーフケアコミュニケーションの結果

　動物医療従事者ではない飼い主さんが皮下点滴などの医療行為を担うことは、通院時間がなくなり動物のストレスを考えた場合には大きなメリットを感じる一方で、徐々に弱っていく動物に針を刺すことにより飼い主さんが精神的負担を抱えていることも多いのです。

　Aさんの罪悪感をやさしく傾聴することでありのままの気持ちを引き出すことができています。Bくんの目線となり、メッセージを伝えましょう。少しずつ生前のBくんの幸せな暮らしを思い出していただくことができます。

　Aさんは、Bくんにとって当り前の日常がとても幸せだったことを改めて確認できたことで、罪悪感でいっぱいだった気持ちが楽になっています。自分の悲しみを理解しグリーフケアをしてくれた動物看護師に心から感謝するでしょう。

第3章　死後のグリーフケア

事例 2

ミニチュア・ダックスフンドのCくんは腸閉塞の手術後、経過は順調に見えたが、入院3日目の朝、亡くなっていた。病院から連絡を受けたDさんはショック状態で来院された

ココに注目!!

- 手術が成功した喜びが一転した状況である
- Dさんは極度のショックからパニック状態になっている
- 現実を受け止められず思考が麻痺している
- 死を受容できないために、病院に対する疑心や不信も表れる

日常よく見られる対応

〜受付にて〜
Dさん：今、連絡もらったのですが……どういうことですか……
動物看護師：Cくんの容態が急変したのです。E先生からご説明がありますのでちょっとお待ちください
〜数分後〜
動物看護師：Dさん、どうぞ診察室にお入りください
〜診察室でCくんに対面。Dさんはパニックの状態で泣き崩れる〜
Dさん：Cくん……Cくん……うそでしょ……どうして！ どうして！ 信じられない……
E獣医師：残念ですが、急変しまして……今から説明しますのでこちらにおかけください
Dさん：……

E獣医師：手術の経過は落ち着いていたのですが……手術前にご説明したと思いますが、DICという状態が起こりました。治療したのですが、大変難しい状況でした
Dさん：今はとにかく連れて帰ります

このコミュニケーションの結果

衝撃に対する共感の姿勢がなく、マニュアル的な対応です。Dさんは自分の気持ちを分かってくれる相手を失い、孤独になっています。正論を急いだ結果、心の温度差が新たなグリーフとなり、動物医療への不信や信頼の喪失を招くでしょう。CくんやDさんにとって動物病院が安全基地ではなくなってしまいました。

グリーフケアコミュニケーションを取り入れた対応例

～電話の後、動物看護師が入口の外を気にかけながらDさんの来院を待っている。Dさんの姿が見えたら、入口に向かいドアを開ける。Dさんの肩に手を添えながら、Cくんが安置される診察室へと誘導する～

動物看護師：Dさん、お待ちしていました。どうぞこちらに……

～泣きながらCくんを呼ぶ～

Dさん：Cくん……うそでしょ……なんで、なんで……

～Dさんの横に立ち、Cくんのお顔をやさしくなでる～

動物看護師：あまりに急で……昨日Cくんはとても良いお顔をDさんに見せてくれて……

Dさん：そうです。昨日Cが元気そうで良かったって娘と喜んでたのに……信じられない……

動物看護師：本当に……今は何が起こったかわけが分からないお気持ちでしょう。とても信じられないですよね……

Dさん：ええ……本当に信じられなくて……今は何も考えられません

動物看護師：E先生がこれから今の状態を説明しますが、Dさんお一人でお聞きになるのはお気持ちのご負担が大きいのではないか心配です。今は少しお話をさせていただいて、詳しくはご家族がご一緒にいらっしゃるときのほうが良いかもしれませんね

Dさん：そうですね……娘が仕事から帰ったら連れてきても良いですか

動物看護師：もちろん、大丈夫です。ではE先生に声をかけますね

～イスにかけていただく～

> **グリーフケアコミュニケーションの結果**
>
> 思いがけない死の知らせを受けた飼い主さんのグリーフに共感し、来院を待つ姿勢は言葉よりも支援となる行動です。苦しい状況の中、飼い主さんが孤独にならないようにありのままの姿を受け入れ、寄り添うことができています。大きなエネルギーを奪われた衝撃期は立っているだけで精一杯の状態です。やさしく体を支えていることで不安が緩和されたでしょう。

獣医師へのアドバイス

死因の説明よりもグリーフケアを優先しよう 重要

突然のことに、ショックが強く、現実を受け入れられない状況。このような衝撃期での早急な死因の説明は正しく飼い主さんに伝わりません。また、DICなど飼い主さんにとって聞きなれない言葉もこのような思考困難の状態ではさらに混乱をさせてしまう危険があります。

まず最初に、亡くなっているCくんにやさしく触りながら、Dさんの衝撃や戸惑いを受けとめる姿勢で対応しましょう。

第3章　死後のグリーフケア

事例 3

10歳から3年間、心臓の薬の内服を続けながら日常生活を送っていた愛犬Bくん。Aさんが夕方帰宅するとソファでBくんが亡くなっていた。

最近、散歩では疲れやすくなってはいたが、今朝はいつもどおり食事も済ませ、大きく変わった様子は感じられなかった。夕方、パートから戻ると、ソファで動かないBくんを見つけてパニック状態になったAさんは動物病院に慌てて電話をかけた。

ココに注目!!

- Aさんはパニック状態。衝撃期の反応が強く表れている
- 頭の中は真っ白、思考は働かず、Bくんの急死を信じられない心理状態のAさんのグリーフの理解者になれるかどうか
- Aさんの目線となり共感の姿勢が求められる

好ましくない対応例 〜距離を感じさせてしまう死後の電話対応〜

Aさん：もしもしAですけど、Bがソファで……動かないのです。死んでいるかもしれない……どうしましょう……なんでこんなことに……

動物看護師：Aさん、申し訳ありませんが、カルテを出しますね。診察券の番号を教えていただけますか

Aさん：ええ……診察券近くになくて……どうしましょう……。ああ……やはりソファの上で全然動いていない……どこを確認したら良いのか……

動物看護師：Aさん、落ち着いてください。Bくんのおなかをご覧になれますか？ 呼吸をしているかどうか分かりますか？

Aさん：力なくだらりとしています……呼吸……？…呼吸していません！

動物看護師：Aさん、大変残念ですが、Bくんは亡くなっているように思いますが……。担当のC先生から考えられる原因などお話しできると思います。今、先生に代わりますので少々お待ちいただけますか

Aさん：あの……今はBのそばにいたいので……大丈夫です……失礼します……

このコミュニケーションの結果

不安と恐怖でパニックになっている飼い主さんが助けを求めて電話をしてきているのですが、グリーフを受け止めず事務的な対応をしています。そのため、飼い主さんはどうしたら良いか、さらに混乱し話を続けることが怖くなっています。気持ちは楽にならず、新たなグリーフを与えてしまう結果になっています。

知っておこう

衝撃期の飼い主さんに影響を与える言動

***新たなグリーフを与える言動**
- 事務的な対応
- 衝撃の軽視
- 早急に死因を伝える姿勢

***救いとなる言動**
- ありのままの気持ちを受け取り理解する姿勢
- 思考困難な状態への理解
- 来院の提案

グリーフケアコミュニケーションを取り入れた対応例

Aさん：もしもしAですけど、Bがソファで……動かないのです。死んでいるかもしれない……どうしましょう……なんでこんなことに……

動物看護師：Aさん、Bくんが動かないのですね。突然のことで驚かれたでしょう……。Aさん、Bくんはソファの上でどのような様子でしょう？

Aさん：力なくだらりとしています……本当に信じられません。今朝まで変わらない様子だったのに

動物看護師：Bくんは今朝までいつもとあまり変わらない様子だったのですね。あまりに急ですね……本当にびっくりされたでしょう……。Bくんのおなかは動いているように見えますか？

Aさん：いえ、もう息をしていません。本当に……今もまだ信じられません……なんで死んでしまったの……？

動物看護師：あまりに急すぎて信じられないお気持ちでしょう。こちらで聴診致しますので今からBちゃんを病院にお連れになりませんか。C先生もBくんに会いたいと思います

Aさん：Bは死んでしまったかもしれないけれど、診ていただけるのですね

動物看護師：はい、もちろんです。Aさん、ショックも大きいと思います。気を付けてご来院ください

Aさん：分かりました。ありがとうございます。今から伺います

病院来院時の対応例

❶ 診察前

〜入口を気にかけ、Aさんの姿が見えたら入口のドアを開けて迎える。AさんがBくんを大事そうに抱え、悲しみと疲労の表情で来院された〜

動物看護師：Aさん、お待ちしていました。こちらにどうぞお入りください

〜Aさんに付き添い診察室へ〜

動物看護師：Bくん、C先生が来るからね。Aさん、Bくんを静かに寝かせましょう

〜タオルを敷いた診察台の上にBくんをやさしく安置する〜

動物看護師：Aさん、Bくんのお顔のそばにどうぞお座りください

❷ 診察後

Aさん：信じられない……今朝まで元気だったのに……なぜ……

動物看護師：本当にそうですね……今朝までBくんいつもと変わらず過ごしていたのですから

Aさん：本当にそうなのです。大好きなおやつを食べてご機嫌でした……

動物看護師：おやつを食べてBくん、うれしかったでしょう

Aさん：そういえばそのとき、Bがじっと私の顔見てたんですよね……。Bくん、どうしたのって……そのお顔がかわいくて抱っこしたんです

動物看護師：Bくんは、本当にママのこと大好きでしたね。抱っこしてもらってとても安心したと思います。Bくん、今朝はおやつを食べてママに抱っこしてもらって良かったね。Aさん、Bくんにブラッシングと爪切りをして、少し詰め物もさせてくださいね。その間、待合室で少しお待ちいただきましょうか

おさらい！

動物看護師が行うべき援助

- 衝撃期の飼い主さんに対して入口のドアを開けて迎える姿勢を持つ
- 獣医師が聴診、心停止を確認する間、動物看護師はAさんにイスにかけていただく
- Aさんの表情を見ながらそばに付き添い、Bくんのお顔や首すじなどをなでましょう

獣医師へのアドバイス

声掛けは心の救いとなる 重要

　動物看護師が遺体をきれいにする間、待っているAさんに獣医師が声をかける姿勢が大切です。一言であっても獣医師の行動によって救われ、信頼が強くなるのです。

第3章　死後のグリーフケア

グリーフケアコミュニケーションの結果

Aさんの目線で衝撃を理解し共感の姿勢で対応した結果、Aさんは安心して動物病院に来院することができました。急死という最大に苦しい状況下、病院でグリーフケアを行うことでBくんの亡くなる直前の様子を引き出すことができています。

深い悲痛の中でもBくんのかわいい姿やAさんとの絆を感じる時間が救いになります。

事例 4

チワワのGちゃん（10歳）が心不全で急に亡くなった。HさんはGちゃんがそばに見えない毎日が不安で、気が付くと部屋中にGちゃんの写真を貼り詰めていた。家族はHさんがこれ以上写真を貼ることは止めたほうが良いと思っている。自分でも止めなければと思えば思うほどに落ち着かず、写真を増やしてしまう。

ココに注目!!

・Gちゃんを突然に喪失したことでHさんの衝撃は大きいため、現実に死を受け入れるまでに時間が必要
・Gちゃんが見えない景色がHさんの不安や恐怖を高めることは自然である

グリーフケアコミュニケーションを取り入れた対応例

❶写真を貼っているときのご自身の気持ちはどのようなのかを傾聴する姿勢
❷写真を貼っていると気持ちが落ち着くのであれば、Gちゃんの写真がHさんのグリーフケアをしてくれていると理解する
❸Gちゃんが生前も死後もHさんの癒しや支えとなれる存在である
❹Gちゃんを失ったグリーフが大きいHさんに写真

を貼ることを否定した場合に新たなグリーフにつながる危険である

❺ありのままの気持ちで安心して写真を貼って良いことをHさんに伝える

❻Gちゃんの写真を見ながらHさんの日常を続けることがグリーフケアとなり、ゆっくりとその死を受け入れられる心情となる

　上記の❶〜❻のことを理解し、以下のような言葉をHさんにかけてみましょう。

・Gくんの写真をいっぱい貼っているのですね、Gくんの見える景色で安心できますね
・GくんはHさんにとってとても必要な存在でしたから、今とてもご不安になっていらっしゃるのも自然です
・写真のGくんはどのような表情ですか。どんなメッセージをHさんにくれているでしょう？
・これからも以前のようにGくんに話しかけていきましょう。ありのままのお気持ちで日常を続けてください
・ご家族は心配していらっしゃいますが、GくんはHさんにとって特別な存在です。今はHさんの自然な気持ちのままに写真を貼りながら、Gくんと交流を続けていきましょう

グリーフケアコミュニケーションの結果

グリーフは自然な心情であることを理解し、否定しない姿勢が大切。否定することでは、さらに不安や恐怖は増してしまいます。家族との温度差が新たなグリーフとして発展することを防ぐためにはHさんのありのままの気持ちを認める姿勢が大切です。Hさんは安心してGちゃんとの日常を続けられ、過酷なグリーフに向き合うことができるでしょう。

　最愛の家族の死後、飼い主さんに表れるグリーフは、動物医療従事者目線では見えてこない景色を引き出し、共感の姿勢を持つことによって深く理解ができます。グリーフケアコミュニケーションでの基本姿勢「**第一声で否定をしない**」が重要です。

　動物と飼い主さんが互いにOnly oneの関係であるように、死別後に表現されるグリーフもOnly oneなのです。死別後のグリーフをペットロスと呼びますが、個々に違っていることが自然なので、ペットロスへの対応についてマニュアルをお伝えすることはできません。しかし、飼い主さん目線での傾聴や共感の姿勢、動物目線での提案の姿勢を具体的な事例をとおして、しっかり身に付けていただきたいと思います。

　死後のグリーフケアを動物医療従事者が担うことによって、動物病院が安全基地となります。その結果、出会った動物が死後も飼い主さんのそばで安心して存在することができるでしょう。

理解度チェックテスト

解答・解説 p.95

問17 死後のグリーフケアについて正しい記述を、①〜⑤の中からひとつ選びなさい。
① 死後のグリーフのプロセスは生前と同じである
② 死後にパニックになっている飼い主さんには、落ち着いて話を聞いていただくよう注意する
③ 動物の死後なので、ペットロスは動物病院に来院いただいても対応ができない
④ 死後の深い悲しみを、飼い主さんが安心してありのままに吐き出せる場所がホームドクターである
⑤ 怒りや不信感の強い飼い主さんとはできる限り距離を取るようにする

解答 □

問18 死後のグリーフケアコミュニケーションについて間違っている記述を、①〜⑤の中からひとつ選びなさい。
① 生前と同様に傾聴、共感の姿勢が大切である
② ありのままのグリーフを引き出し、飼い主さん目線で状況を把握する
③ 衝撃期や悲痛期から早く回復していただくために、提案は急ぐべきである
④ 飼い主さんのグリーフを引き出す際、自分自身の肯定的な姿勢が大切である
⑤ 死後見られる怒りは極限の悲しみの表現と理解する

解答 □

第3章 死後のグリーフケア

2 ありのままの気持ちを否定しないグリーフケア

グリーフケアの正しい理解者になる

　ペットロスという言葉が欧米から日本に入ってきて20年あまり。今もなお、動物医療従事者、飼い主さんともに多くの人々が"病的な心理状態"のイメージを持ち、動物の死によって人がどのようになってしまうのか……危険な状態になるのではないか……という不安や恐怖を強めている傾向が見られます。

　まずは自分自身がグリーフケアを理解し、飼い主さんに対して"ペットロス"について正しい認識を広げることが大切です。グリーフは人にとって自然な心情であると理解し、表れる心理プロセスを安心して受け入れられるよう援助しましょう。必要以上に不安や恐怖が加算されることを防ぎ、ありのままに十分悲しめる環境を目指します。

　飼い主さんは、今まで体験したことのない心情に戸惑いながら将来への不安や恐怖を高めている可能性が高いです。自分への自己理想像が脅かされている場合には、大きなグリーフとなってしまいます（表7）。ありのままのグリーフを傾聴し、決して病気ではなく自然な心身の反応であることを理解していただきましょう。

　動物の死後に避けられない過酷なグリーフ体験は、愛する存在に出会えた証であり、そして愛されたという証です。ペットロスは悲しみや苦しみだけではなく、その出会いの事実を改めて確認している時間なのです。

知っておこう

死後の喪失は命だけではないからこそグリーフは強く現れる

- 動物の命
- 動物の声
- 動物のにおい
- 部屋の中での姿
- 抱っこや、ふれあい
- 一緒に遊んだ時間
- 隣で一緒に寝ていた動物
- 話し相手
- 世話をしていた自分
- 食事の支度、散歩などの習慣
- 介護の時間
- 通院治療や在宅での看護
- 動物病院での交流

など

表7　自分自身に対するグリーフ（例）

- この先、気が狂ってしまうかもしれない
- 夜、どうしても眠れない
- 仕事に集中できない自分が許せない
- こんなにもだめな人間は私だけ
- 私はもっと強い人間のはずなのに
- 周囲に迷惑をかけているのが申し訳ない

他者とのかかわりにより生まれる新たなグリーフ

　動物が亡くなった後、しばらくの間は多くの飼い主さんに混乱が生じています。突然生じた大きな喪失感により、人間関係や仕事などに違和感や不具合が発生し、生活上で困難を感じているでしょう。また、当事者を励まそうとした他者からの声かけには、グリーフを重くしてしまうものがあります（表8）。動物を飼っていない友人や知人にグリーフを打ち明けた飼い主さんが、気持ちの温度差を体験したケースに出会ったこともあります。そのときはありのままの気持ちを傾聴した後に、違和感を持たれたお気持ちに共感をしながらその価値観の相違によって影響を受けなくて良いことを、やさしく伝えていきましょう。生前に気持ちを共感できる友人や知人を見つけておくことをアドバイスしていくことも重要です。

表8　違和感が生まれてしまう他者からの一言（例）

- 「まだ落ち込んでるの？」
- 「早く元気になってよ」
- 「えっ犬でしょ？」
- 「私がいるじゃない」
- 「寿命なのだから」
- 「ランチに行きましょう」

知っておこう

動物の心のメッセンジャーとして

　衝撃期や悲痛期の飼い主さんのグリーフは人目線で死を受け止め、後悔や罪悪感を深めている姿に多く出会います。飼い主さんのグリーフケアを進めながら、「悲しくつらいけれど、あのコに出会えて幸せだったのだ」「あのコは、姿は違うけれど存在感は生きている時と変わらないのだ」という心情に導きます。そのためには、動物医療従事者が動物目線で死を理解し動物の心のメッセンジャーになっていくことが大切なのです。

＊動物目線で考える死とは

- 動物は生まれてからまっすぐに生き、そして死を迎える→生に誠実な存在
- 大好きな人を傷つけるために亡くなるのではない
- 大好きな人を最期まで大好きだと思っている
- 死後も「Home」という安全基地は動物にとって大切な場所となる

グリーフの表れ方の違い

パーソナリティや経験、価値観などが影響しますが、実際には家族それぞれがグリーフを抱えていることも多いです。家族がお互いに配慮するあまりに悲しみを見せず、亡くなったコの話をしないケースでは、ペットロスが長引く危険があります。

死後に動物の名前や写真を封印している場合、ホームという安全基地を家族が喪失している状態が考えられます。家族それぞれに動物とのOnly oneでSpecialな絆が存在しているのです。悲しみ方は違うことを伝えながら、家族が安心して動物の話題を生前と変わらず続けていけるような生活を目指し、グリーフケアを進めていきましょう。

知っておこう

グリーフの表れ方が家族によって異なるケースでの会話

「いつまで泣いているの」
「いつまでもくよくよしないで」
「今さら話しても仕方ないことだ」
「母親なのだから強くならないと」
「あまり悲しんでいるとあのコも成仏できないよ」
「早く次のコを飼いたい」

Point

1. グリーフを打ち明ける他者を選ぶ重要性を伝える
2. 家族それぞれにグリーフの表れ方が違うことは自然なこと
3. 自分への自己理想像が脅かされてしまった場合には大きなグリーフとなる

次のページから、事例によるコミュニケーション例を用いて解説していきます。それぞれの色は以下のことを示しています。
赤字：飼い主目線となり飼い主さんの抱えるグリーフの理解者として共感を表す
青字：飼い主さんの伝えてくる事実を復唱し、肯定の姿勢を示す
緑字：動物をコミュニケーションに入れながら、動物目線でのメッセージを伝える。飼い主さんの心の緊張を和らげる

> **事例 1** パピヨンのAくん(15歳)の死から2カ月。Bさんは仕事には行くがそれ以外はほとんど家で過ごす。趣味の乗馬や友人との食事も誘われるが断る日々。

ココに注目!!

・Aくんが亡くなってから、Bさんは動物病院に来ていない
・なかなか立ち直れないBさんは、自分に疑問を感じ始めている
・動物看護師から連絡を入れた

グリーフケアコミュニケーションを取り入れた対応例

動物看護師：Bさん、こんにちは。○○動物病院の動物看護師Cです。Aくんが亡くなって2カ月ですね。Bさんのお声を聞きたいと思いまして電話致しました

Bさん：Cさん！ お久しぶりです。お電話くださって本当にありがとうございます

動物看護師：まだまだ悲しい時間をお過ごしと思いますが、最近はいかがでしょうか

Bさん：そうですね……本当にさびしいですね……。Aが亡くなってから外に出る気持ちが起こらなくて。仕事に行っている間はあまり考えなくて済むのですが……

動物看護師：Aくんが亡くなってからあまり外出ができなくなったのですね

Bさん：はい。友だちが心配して食事に誘ってくれるのですが、どうしても行く気になれず断ってばかり。友だちもあきれているようです

動物看護師：AくんがBさんにとって大きなエネルギー源でしたので、今は外出されるのが難しくなっているのだと思います。お友だちはご好意で誘ってくださるのですが、断ることでもBさんは気を使っていらっしゃるでしょう

Bさん：ええ、たしかにそうかもしれません。友だちは私が2カ月も経つのにまだ落ち込んでいるから、元気にしようとしていろいろ誘ってくれるのですが

動物看護師：AくんとBさんは15年前に出会ってから、とてもすてきなお時間を過ごして来られました。Aくんのいない景色の中で、Aくんを感じながら必死に2カ月間悲しみと向き合ってこられたのです。今はBさんのありのままのお気持ちでAくんとの日常を大切にしてください

Bさん：このままで良いのですね！ 少しほっとしました。なかなか元気になれない自分がおかしいのだと思っていました。本当にAは私にとって特別なコでした。出会えたことにとても感謝しているんです

動物看護師：AくんがBさんにとってとても大切な存在だったという証です。どうぞこれから先、ご無理でなければまた動物病院にお立ち寄りくださいね

第3章 死後のグリーフケア

グリーフケアコミュニケーションの結果

長く通院されていたBさんは、Aくんの死と同時にAくんとの通院の日々や動物病院での交流も喪失しています。動物看護師から連絡を入れた行動は、Bさんにとって大きな救いとなります。Aくんの存在の大きさを再確認できたことで、友だちに対して生じる罪悪感も軽減されていきます。

獣医師へのアドバイス

悲しみを共有する時間を作ろう 重要

生前の共依存関係や看取りの状況などから、グリーフが大きいと分かる飼い主さんに対して、担当獣医師から電話を入れる行動は飼い主さんの孤独感を緩和し、悲しみを共有できる時間につながります。

事例 2

猫のDちゃん（12歳）が亡くなって２週間。Dちゃんとは結婚前に出会い、結婚、出産のときいつもEさんのそばにいてくれた存在。Dちゃんの死後、幼い娘のために涙を我慢し平常どおり頑張ってきたが、最近、同居猫のFくんの健康が不安でたまらなくなってきた。

ココに注目!!

・５歳の娘さんの前では泣かないようにしている
・Dちゃんの闘病中はDちゃん中心だったため、Fくんの体調を十分見ていなかったように感じている
・娘さんもFくんも不安げな表情だったため、Eさんは心配かけないように気を張りがちだった

グリーフケアコミュニケーションを取り入れた対応例

動物看護師：Eさん、こんにちは。Dちゃんが亡くなって２週間ですね……。お姉ちゃんがいなくなって、Fくんの様子はいかがでしょうか

Eさん：DはFの面倒をよく見てくれていたんですよ（涙ぐむ）

動物看護師：DちゃんとFくんは仲良しだったのですね。FくんもDちゃんの姿が見えなくて戸惑っているでしょう

Eさん：たしかに探しているような……。Fがいつもより元気がないので心配になって……

動物看護師：Fくんも大好きなお姉ちゃんが亡くなって不安を感じていると思います。Eさんのお気持ちと、とても似ているのではないでしょうか

Eさん：まだ５歳の娘がいるので泣いてはいけないと思って頑張ってきたのですが、やっぱりつらくて……一人になると涙が我慢できなくて

動物看護師：Dちゃんは結婚される前に出会ったと以前お話ししてくださいましたね。結婚、出産、今までずっとEさんのそばにいた存在です。娘さんにとっても、生まれたときから一緒にいるお姉ちゃん。Fくんにとってもそうでしょう

Eさん：はい、本当にそうですね。Dがそばにいて、いっぱい助けてもらいました

動物看護師：娘さんもFくんも当たり前のようにそばにいたDちゃんが亡くなって、戸惑っているでしょう。とても悲しいのだと思います。Eさんは悲しみを見せないように頑張ってこられましたが、一緒のお気持ちだと思うのです。Dちゃんはかわいかっ

たね、良いお姉ちゃんだったね、いなくなってさびしいねと娘さんとFくんに打ち明けられてはいかがでしょうか

Eさん：娘もFも不安げな表情でしたので、母親として頑張ってきたのだけど……。そうですよね、Dが亡くなって皆一緒の気持ち……（ホッとされた表情）

動物看護師：娘さんもFくんもママのやさしい気持ちが伝わって安心するでしょう。Dちゃんのことをいっぱい褒めてあげてくださいね

獣医師へのアドバイス

同居動物もグリーフを感じることを伝えよう

Fくんの診察時にEさんより様子を傾聴し、病気目線だけではなくFくんにとってDちゃんがとても大切な仲間であることや、FくんがDちゃんを喪失したグリーフを抱えていることを見逃さないようにしなくてはなりません。いつもそばにいた安全対象である仲間の死後、元気や食欲がなくなったり、胃腸障害が認められることも少なくないのです。EさんにFくんのグリーフをお伝えすることによって帰宅後、Fくんを癒す目線が生まれ、Fくんのグリーフケアにつながります。

グリーフケアコミュニケーションの結果

Dちゃんの死後、母親として必死に悲しみを見せないよう気丈に頑張ってきたEさん。Dちゃんとの出会いのStoryや、娘さんやFくんにとってのDちゃんの存在感などやさしくお伝えすることによって、肩の力を抜くことができています。

家族で悲しみを共有する状態へ導いたことで、Eさん自身も、娘さんとFくんも孤独感が軽減され、安心して悲しむことができるでしょう。

理解度チェックテスト

解答・解説 p.95

問19 ペットロスに関する説明として間違っている記述を、①〜⑤の中からひとつ選びなさい。

① ペットロスは動物の死後に発生するグリーフである
② 家族の抱えるグリーフの心情が個々に異なっていることは自然である
③ ペットロスの心情の回復までの時間は個々に違っている
④ ペットロスでは誘いをできるだけ断らず外に出て気分転換したほうが良い
⑤ 飼い主さんのありのままの心情を否定しない姿勢が大切である

解答

問20 ペットロス後に新たなグリーフの原因とならないものとして正しい記述を、①〜⑤の中からひとつ選びなさい。

① 仕事の同僚からかけられた励ましの一言
② 新たな動物を飼ったほうが良いという友人の一言
③ 家族間ではあまり亡くなった動物の話題をしない生活
④ 自分の理想像を守り続ける姿勢
⑤ ペットロス後に表れるいつもと違う言動や行動を受容する姿勢

解答

第3章 死後のグリーフケア

3 子どもに対するグリーフケア

子どもにとっての動物とは

子どもにとってはじめて出会った動物は、心を許しあう親友のような存在です。子どもは動物と温度差の少ない気持ちや感覚を持ちながら、動物のそばで成長していきます。動物がいつも家にいて、自分を待っていてくれるのが当り前の日常を送ってきたのです。

動物は子どもから大人に成長する過程をそばで見てきた身近な存在であり、子どもと動物は自然な形で互いに安全な仲間になっていきます。

知っておこう

出会いのStory 〜子どもにとって動物はどんな存在か

*生まれたときからいる姉弟のような、
　当り前の存在として
- 母親が結婚前から飼っていた
- 出産以前から飼っていた
- 子どもが生まれてすぐに飼った

*一緒に昼寝したり、散歩したり、
　仲間の存在として

- 子どもが希望して飼った
- 家族で相談して飼った

*トイレの世話をしたりミルクを与えたり
　子どものような存在として
- 自宅で生まれた
- 生まれて間もなく保護した

子どもが感じる動物の死

❶ 子どもにとって動物の死は疑問だらけ

- いつ、どのように訪れるのか？
- ○○ちゃんがどのような様子になるのか？
- 死んでしまうことがどのようなことなのか？

**❷ 今まで、死別体験がなく、はじめての
お別れの時間であることが多い**

- 周囲の大人の不安や恐怖の表情から緊張や警戒を高めてしまう
- 子どもがありのままの気持ちを打ち明けられない環境となってしまう

グリーフケアの目的と提案

子どもにとって大好きな動物の存在を、恐怖の対象にしてしまってはいけません。また、死後も子どもと動物の安全基地を守ることが重要となります。そのために、保護者に子どもの目線での動物との最期の時間や死後の過ごし方について提案をしましょう。

子どもを動物の最期に立ち会わせるか立ち会わせないか、どちらが良いかという視点ではなく、死を迎えるまでの時間の過ごし方が重要です。また、保護者へのグリーフケアによってご家族全体の不安を緩和する必要があります。

子どもと動物がハッピーライフを続けられるよう、動物と子どものグリーフケアを強化しましょう。動物の喜ぶことを提案しながら、最終的には子どもに生じる恐怖を軽減する必要があります。

動物が安全環境で最期のときを迎えられるように動物医療従事者と保護者が協力し、方法を選択するようにしましょう。

知っておこう

子どものグリーフケアと提案

❶ ターミナル期

- 共感目線から子どもに声を掛ける
- ありのままの気持ちを傾聴する
- 出会いや名前のStoryを聞く
- 動物にやさしく話しかけ、子どもとの交流の時間に導く
- 動物にとって喜ぶことを、いっぱいプレゼントできることを伝える
- いつもと変わらず名前を呼んでなでてもらう
- あなた（子ども）がそばで笑っているだけで動物はリラックスできることを教える

❷ 死後

- 動物との別れはとても悲しいという気持ちに共感する
- 遺体をなでながら名前を呼び、生前と変わらない姿勢で動物とふれあう
- 動物に手紙を書いたり似顔絵を描いて今の気持ちを伝える
- 好きだった食べものやおもちゃをそばに置く
- 足形のスタンプを取る
- 動物に似合う色の花を選んで飾る
- お家で顔を拭いたり、ブラッシングしたりしてきれいにする
- 抱っこしたり膝に乗せる
- 散歩やドライブなど好きだったことを保護者とやってみる
- これからもあいさつしたり話しかけると動物も喜ぶことを伝える

ママに代わって絵本を読んだり、オルゴールを聞かせるNちゃん

終末期のゴンちゃんと3歳のNちゃんの穏やかな日々

> **知っておこう**

保護者への働きかけ

❶ 保護者に理解していただくこと

- 動物は子どもにとっても重要な存在であり、喪失は心に大きなダメージを生じることが自然であること
- 当り前の日常が一時的に続けられなくなること
- 大人の表情や心模様が子どもに伝わり大きな影響を及ぼすこと
- 号泣、無表情、笑顔……子どもによってグリーフの反応は違うこと。どのような表情であっても子どもの心にダメージが生じていること
- 動物の死後も大人が大切に接する姿勢を見せることで子どもの救いになること
- 子どものペットロスを心配し、動物と距離を置くような方法を実践することは逆効果であること
- 子どもの悲しみを早く楽にしようとする励ましの言葉はかえって温度差が生じること

十分にお別れの時間を用意することが必要です。
子どもにとっての安全基地

❷ 保護者への提案

＊最期の時間
- 子どものありのままの気持ちを傾聴する
- 子どもの感じる気持ちに子どもの目線で共感する
- 子どもに動物の好きなことや喜ぶことはどんなことだったか考えてもらう
- 亡くなるまでの残された時間に動物が喜ぶことをプレゼントする気持ちを伝える
- 子どもと一緒に動物の名前をやさしく呼びながら、いっぱいなでてあげる
- 出会えてうれしかったことや大好きな気持ちを伝える時間にする
- 寿命の最期を待つ姿勢ではなく、今までと変わらない日常を楽しく過ごせるようサポートしていく
- 保護者自身が子どもと一緒に動物とのハッピーライフを続ける

＊死後
- 死後、悲しむ姿を見せないのではなく子どもと一緒に悲しみに向き合う姿勢をとる
- 生前と変わらない姿勢で子どもと一緒に動物の名前を呼んだり褒めてあげる
- 死後、動物とふれあい、交流するお別れの時間を十分に用意する
- 葬儀は子どもも一緒に参加できるよう日程など配慮する

　子どもにとってありのままの自分を受け入れてくれる動物の存在は大きく、成長する過程でいろいろな場面で救われてきています。うれしいときも悲しいときも困ったときもつらいときも、お家にいる動物に気持ちを話したり、抱っこしたり、ふれあって一緒に過ごしてきた子どもたち。最期まで大好きな仲間として笑顔とともに過ごし、死後は悲しいけれど本当に動物と出会えて良かったと泣き笑いできるように、大人が正しくサポートしていくことは大変重要です。どんなときも子どもと動物の安全基地を守っていきたいですね。

> **Point**
> 1. 子どもが感じる動物の死がどのようなものかを理解する
> 2. 大人の表情によっては子どもの恐怖を大きくしてしまう

　次のページから、事例によるコミュニケーション例を用いて解説していきます。それぞれの色は以下のことを示しています。
赤字：飼い主目線となり飼い主さんの抱えるグリーフの理解者として共感を表す
青字：飼い主さんの伝えてくる事実を復唱し、肯定の姿勢を示す
緑字：動物をコミュニケーションに入れながら、動物目線でのメッセージを伝える。飼い主さんの心の緊張を和らげる

事例 1

飼い主のAさんと小学4年生の女の子Bちゃん宅の4歳の猫のCくんが自宅で急に亡くなった。AさんとBちゃんがCくんを抱いて動物病院に駆け込んだ。

ココに注目！

- Bちゃんを一人にしない
- Bちゃんの隣に座る
- やさしい表情で接する
- BちゃんからCくんとの出会いのStoryを引き出す
- 混乱するAさんとBちゃんに亡くなった後のCくんとの接し方を示す

グリーフケアコミュニケーションを取り入れた対応例

Aさん：Cが急にけいれんしてそのまま動かなくなって……（パニック状態）

動物看護師：Cくんが急に倒れたのですね。お嬢さんも驚かれたでしょう……

Aさん：私も娘もびっくりして……（緊張した表情のBちゃんを見る）

動物看護師：（Bちゃんに向かって）本当にびっくりしたでしょう。イスにおかけください。（Cくんを見ながらAさんに向かって）Cくんと診察室にどうぞお入りください

〜 Aさんを診察室にお連れしたあと、Bちゃんのそばに座る〜

動物看護師：（**背中に手を添えながら**）Cくんが急に倒れてびっくりしましたね

Bちゃん：うん……

動物看護師：猫を飼うのははじめてかな？

Bちゃん：うん……ママが仕事の帰りに連れてきたの

動物看護師：そのとき、Cくんはとっても小さかったでしょう

Bちゃん：すごく小さかった。白くてかわいかった（少し笑顔になる）

動物看護師：お姉ちゃんのお名前は？

Bちゃん：B……

動物看護師：CくんはBちゃんと出会ってとても楽しかったでしょう。Bちゃんも楽しかった？

Bちゃん：うん。楽しかった。毎日、学校から帰るのを待っててくれたから

〜Cくんの死亡確認の間、Bちゃんのそばで背中に手を添えてグリーフケア。緊張を和らげて待つ。死亡が確認された後、動物看護師がBちゃんと診察室に入る。動物看護師は泣いているBちゃんのそばでやさしく見守りながらCくんの顔や体をなではじめる〜

第3章　死後のグリーフケア

動物看護師：CくんもBちゃんと毎日楽しかったね。（**CくんをなでながらBちゃんに柔らかい声で**）急にCくんが亡くなって本当にびっくりさせてしまったね。Cくんをいつもみたいになでてあげましょうか〜Bちゃんも泣きながらCくんをなではじめる〜

動物看護師：Cくんはかわいいね、Cくんもびっくりしてるかも。（Aさん、Bちゃんに向かって）今はショックで現実とは思えないでしょう……。あまりに急ですので無理せずありのままの気持ちのまま、Cくんの名前を呼んでなでてあげてください

Aさん：何がなんだか分からなくて。猫を飼うのがはじめてでしたのでまさかこんなに早く……

動物看護師：本当にそうですよね……動物との暮らしはときどき思いがけないことが起こって本当に驚きます。Bちゃんもショックが大きいですので、Cくんをお家のいつもの場所に安置して交流の時間を持ってくださいますか。BちゃんがCくんにいっぱい気持ちを伝えるお別れの時間が必要です。Cくんは亡くなっても変わらずかわいいBちゃんの弟です

Aさん：本当にそうです、弟。BはCを本当にかわいがってきました。これからどうしたら良いか分からなかったけれど、今はとにかく家でCと家族で過ごしたいと思います

動物看護師：はじめてでいらっしゃいますのでご不安と思いますが、後ほど葬儀のご案内もお渡し致しますのでご安心ください

グリーフケアコミュニケーションの結果

子どもの目線になって衝撃の大きさを重視し寄り添うことで、子どもにとって大好きな存在との死別体験による緊張や恐怖が和らぎます。肩に手を添え、声を柔らかくしましょう。動物の気持ちを伝えていくことで子どもの共感が得られています。グリーフケアによって悲しみは深くともBちゃんのCくんとの幸せな思い出が守られるでしょう。

事例 2

ビーグルの14歳のDくんが腎不全で入院中に亡くなり、病院から連絡を受けた飼い主のEさんが来院した。Eさんには小学1年生の息子のFくんがいる。

ココに注目！

・FくんをDくんの遺体と会わせるかを悩んでいる
・Eさんにとってはじめての体験で、どうすれば良いのか分からない
・母親としてFくんのショックを恐れている

グリーフケアコミュニケーションを取り入れた対応例

Eさん：Dがかなり危ない状態だと分かっていたつもりですが……

動物看護師：昨日息子さんも一緒に面会に来てくれて、Dくんもうれしそうでした

Eさん：はい。息子もDが家に帰ってくるのを楽しみにしているのです

動物看護師：息子さんは生まれたときからDくんと一緒だったのですね

Eさん：Dは私が結婚する前に飼っていたコで、一緒に連れて結婚したから

動物看護師：Eさんにとってもいつも一緒にいた存在ですね

Eさん：息子が生まれたとき、大丈夫かなって心配したのですが、DがFにとてもやさしくて

動物看護師：DくんはFくんのお兄ちゃんですね
Eさん：そうなんです。これからどうしたら良いか……Fがショックを受けるからDの遺体には会わせないほうが良いのでしょうか
動物看護師：息子さんのショックを想像してご不安ですね。Fくんにとって動物とのお別れははじめての体験ではないでしょうか？
Eさん：そうなのです。私にとってもはじめてで……どうしたら良いのか分からなくて。このまま、火葬してお家に連れて帰ったほうが良いのかと思ったり……
動物看護師：昨日DくんはFくんになでてもらってとても気持ち良さそうでした。FくんはDくんが大好きですね。このまま、大好きなお兄ちゃんの姿が消えてしまったらやはりショックを受けるでしょう
Eさん：たしかにそうかもしれませんね……会いたくなるかも
動物看護師：ご心配されたと思いますが、Dくんは亡くなってもFくんにとって大切なお兄ちゃんです。大好きなお家でいつもと同じように名前を呼んだりなでてあげるとDくんも喜びますよ。Fくんも悲しいけれど、自分の気持ちを伝える時間ができます。動物と子どもの良い関係を寿命を迎えた後も続けていくために、お別れの時間はとても大事に思いますがいかがでしょう？
Eさん：本当にそうですね。私もDをいっぱい褒めてあげないと。感謝の気持ちもいっぱい伝えられますね！
動物看護師：はい。DくんとFくんとお家でいっぱい交流してください

グリーフケアコミュニケーションの結果

Fくんのショックを想像してDくんの遺体をどうしたら良いか、ご不安を大きく感じているEさんの気持ちを傾聴することでEさん自身の緊張や不安を和らげています。昨日の面会時の様子をお伝えし、FくんとDくんの兄弟関係を再確認できました。Dくんをお家に連れて帰りFくんと一緒にお別れの時間を過ごす勇気が生まれ、Dくんにとっての安全基地を守ることができるでしょう。

理解度チェックテスト

解答・解説 p.95

問21 子どものペットロスについて正しい記述を、①〜⑤の中からひとつ選びなさい。

① 子どもと動物は身近な仲間として存在してきたため、死後のグリーフが大きく表れるのは自然であり、受容する姿勢が大切である
② 動物の最期のときに立ち合わせることは子どもの恐怖につながるため避けたほうが良い
③ 動物の死後は、子どもが早く元気になるよう楽しい場所に連れ出すほうが良い
④ 死後、悲しみが深く元気のない子どもには早く新たな動物を迎えたほうが良い
⑤ 子どもが動物を思い出し悲しむ場合には動物が使用していた品物を早めに処分したほうが良い

解答 □

問22 子どものペットロスを心配する保護者へのアドバイスとして正しい記述を、①〜⑤の中からひとつ選びなさい。

① 病院で亡くなった場合、ショックも大きいため遺体を子どもに見せないよう火葬は早く進めたほうが良い
② 病院で亡くなった場合、遺体は自宅に連れて帰らないほうが賢明である
③ 遺体は子どもに不安や恐怖を与えてしまう危険があるため、別の場所に安置し、抱っこしたり触ったりしないほうが良い
④ 保護者はできるだけ悲しみを子どもの前では見せないように気丈な姿勢が必要である
⑤ 名前を呼びながら遺体をなでたり抱っこしたり、子どもと一緒にお別れの時間を持つことが大切である

解答 □

第3章 死後のグリーフケア

4 "送り人"としての役割

出会った動物にできる最後のグリーフケア

動物医療従事者が亡くなった動物に対して愛情深い交流の時間を持つことこそが、動物や飼い主さんにとっての心の安全につながります。

また、愛する動物の死後、飼い主さんにとって真の心の痛みが表れる悲痛期に救いとなる提案ができるようになりましょう。

● 自宅で動物が最期を迎えた飼い主さんへのグリーフケア

自宅で亡くなった動物を連れて来院していただくことで、亡くなった場所にかかわらず動物の"送り人"となれます。これにより、飼い主さんへのグリーフケアの時間が生まれるのです。

病院内に動物看護師またはトリマーが一人いれば、送り人は実現できます。ぜひ一言、「**〇〇ちゃんと病院にいらっしゃいませんか**」と声掛けをしてみましょう。

Point
「〇〇ちゃんと病院にいらっしゃいませんか」の一言で送り人に

知っておこう

最期に送り人になることによって自然に流れるグリーフケアの時間

最期に病院で動物と飼い主さんと交流することにより、生前の出会いから死後まで動物との信頼関係が保たれ、飼い主さんにとって大きな救いとなります。

＊現在の動物病院で多く見られる状況
・入院中の動物が亡くなった場合には遺体へのお手当てをする
・自宅で亡くなった場合には、お電話をいただくが動物に会うことは少ない

＊動物医療グリーフケアを導入した場合
・自宅で最期を迎えた動物の来院を提案できる
・自宅で亡くなった動物を連れて来院していただくことで、入院中に限らず動物の送り人となれる
・飼い主さんが一人ぼっちにならないため孤独感が和らぐ
・動物の死を通して発生する動物医療従事者自身のグリーフケアとなる

飼い主さんへのアプローチの流れと援助のポイント

　以下に"送り人"として動物看護師ができる飼い主さんへのアプローチの流れと援助のポイントをお伝えします。
　"送り人"としてアプローチできる場面はたくさんあります。飼い主さんから死亡の知らせを受けたときから来院してもらうまでの、各場面ごとに解説していきます。

場面 ① お電話で動物の死亡を聞いたとき

ココに注目!!
・動物を生まれたままの体で送る
・動物の体に医療器具が付いている場合には、すべてを取り外してあげたい気持ちを飼い主さんにやさしく伝え、来院していただく

アプローチの流れ
❶ 来院していただけるようやさしく提案する
❷ 動物に自分たちも会いたいという気持ちを伝える
❸ 遺体の内部から血液や汚れが出てくる可能性を伝え、こちらで綿を詰めるなど、手当てができることを伝える
❹ 動物の体をきれいにしたい気持ちを伝える
❺ 病院の状況によっては時間を指定する
❻ 動物のお気に入りのタオルやブランケットがあれば持ってきていただく

第3章 死後のグリーフケア

知っておこう

死後、来院できない場合の対応(例)

＊飼い主さんが送り人になれるようアドバイスする
・飼い主さんの多くは遺体の死後変化を知らないため、やさしくお知らせすることで衝撃や恐怖を軽減できる
・動物は目を開いたまま亡くなることを伝える
・お手当ての方法をアドバイスする
(顔や体をきれいにする、無理のない範囲で、ブラッシング、爪切りやパットの毛がり、必要な部位に綿を詰めるなど)
・場合によっては保冷のアドバイスをする

＊可能な場合には、往診で送り人を実践する
・医療器具が装着されたまま、動物が火葬または埋葬されることを避ける
・飼い主さんにとって最大のグリーフが表れ、混乱することも多い時間。一人ぼっちではなく、動物医療従事者の姿勢に救われていく

飼い主さんが"送り人"となり、遺体のお手当てなどを行う

場面 ❷ 飼い主さんが来院したとき

ココに注目!!
・来院の時間が分かる場合や入口の窓越しに姿が確認できる場合には、速やかに入口に向かう
・ドアを開けて招き入れる姿勢は、死後の孤独が和らぎ衝撃期や悲痛期の心情へのサポートとなる
・また、遺体を抱えているため、ドアを開けることが難しいことも多いことに配慮する

アプローチの流れ
❶遺体を預かる
❷棺用の箱の準備があることを伝え、ご希望を伺う
❸待合室や車の中など、飼い主さんのご希望の場所でお待ちいただく
❹おおよその所要時間をお伝えする

場面 ❸ 遺体へのお手当て

ココに注目!!
・できるだけ長時間お待たせしないよう30分以内で実施する
・長期闘病によってシャンプーができなかった動物に対し、飼い主さんのご希望がある場合にはシャンプーをお引き受けすることも救いとなる
・眠った表情を作るために接着剤などは使用しないこと
・動物を自然体で送ることが重要。人目線での配慮は動物のグリーフとなってしまう危険がある

アプローチの流れ
❶留置針などすべての装着物を除く
❷体の汚れを拭く
❸体内の汚れや血液が出てくる可能性のある場所に綿を詰める
❹爪を切る
❺目や口のまわりを中心に顔をきれいに拭く
❻ブラッシング
❼毛玉を除き、パット毛もカットする
❽顔をなでながら目をやさしくできる範囲で閉じていく
❾棺用の箱にタオルまたはブランケットを敷く
❿遺体をていねいに箱内へ安置する
⓫切り花の用意があれば、花を添える

場面 ④ 飼い主さんと動物の対面のとき

ココに注目!!

・飼い主さんによっては正面ではない、裏口からお送りする配慮が必要
・近所の花屋などと提携しておくことで手配がスムーズになることも多い
・生前の動物のイメージでタオルの色や花の色をアレンジすることによってOnly one & Number oneのメッセージとなる

アプローチの流れ

❶ 飼い主さんをお呼びし部屋にお連れする
❷ 動物と対面のときにはやさしい空気で迎える
❸ 動物の名前を呼びながら、なで、飼い主さんの表情を受け止める
❹ 切り花の用意があるときには、獣医師、スタッフ、飼い主さんで遺体の周囲に花を供えていく
❺ 飼い主さんの気持ちを共有する
❻ 飼い主さんにお持ちになったおもちゃやおやつなど入れていただく
❼ 生前の動物の様子を話しながら動物、飼い主さん、獣医師、動物看護師で交流する
❽ 葬儀や火葬についてご案内する
❾ 棺用の箱を大切に車までお運びする
❿ 動物への敬意の心を込めて見送る

獣医師へのアドバイス

動物とのお別れの時間を作ろう　重要

担当した獣医師は、動物にお別れを伝える時間を準備し、同席しましょう。時間的に同席が難しい状況の場合には、時間の長さではなく一目でも顔を見せる行動がグリーフケアになります。動物に触れる姿勢や、やさしく動物のStoryを話すことで、飼い主さんは安心されます。

最大のグリーフケアにつながる送り人としての姿勢

死後のグリーフケアでは送り人としての動物医療従事者の動物に対する姿勢が飼い主さんの最大のグリーフケアにつながります。きれいになって眠る姿を囲み、動物医療従事者と飼い主さんが生前の姿を語り合う時間にはホッとした笑顔が生まれ、自然にグリーフケアの時間が流れています。

また、飼い主さんからの感謝の言葉は動物医療従事者のグリーフケアとなります。

葬儀場のご案内

葬儀場の評判を確認し、信頼できる葬儀場のみをご案内します。葬儀場の姿勢によって生まれる不安や恐怖は新たなグリーフとして苦痛を強めてしまうため避けなくてはなりません。また、火葬だけではなく埋葬など、飼い主さんの要望を伺うことも忘れずに行いましょう※。

生前、動物が大好きだった場所や仲間が眠る場所への埋葬を望まれる場合には飼い主さんの気持ちを

第3章 死後のグリーフケア

支持し、木や花を植えるなどの提案もできます。植物が美しく成長する景色が救いとなるでしょう。

※地域によっては遺体を直接埋葬することが許されないため、火葬後の遺骨の埋葬になります。

葬儀の様子（筆者の愛犬 ふくちゃん）

動物医療従事者から飼い主さんへの手紙

動物医療従事者から飼い主さんへ手紙を書く場合、時期は特に決まりはありません。初七日、四十九日、月命日、本命日などの節目は悲しみも深まる時間のため心のこもった手紙が救いになることも多いと思います。また一週間、10日、1カ月や誕生日、記念日などにお送りしても良いでしょう。

内容は定型文は避け、亡くなった動物に関するStoryを一言入れます。定型文はその他大勢のうちの一頭というメッセージになり、事務的な印象を与えてしまいます。ここにStoryを入れることでSpecial感を与え、Only oneのメッセージとなるのです。グリーフの心理プロセスに配慮し、共感目線からメッセージを仕上げるように心掛けましょう。

また、個々のStoryと署名は自筆にすることで、書いた人間の気持ちが字体に表われ、心に響くメッセージとなります。

グリーフの抱え込みを防ぐための動物との交流の提案

❶ 十分なお別れの時間の提案

火葬や埋葬などを急いで終わらせる必要はないことを伝えましょう。急変や突然死など衝撃期が強く表れる場合には遺体の存在するお別れの時間こそが十分に必要となります。その際には遺体を保冷する方法をお伝えすることを忘れてはなりません。衝撃期は感覚や思考が麻痺している時間。遺体や動物の愛用していた品物を早急に失くさないようにアドバイスしましょう。

❷ 手形や足形のスタンプの作成

赤ちゃんが生まれたときに色紙に手形を残すように、動物のパットをスタンプして残すものです。スタンプに挑戦しながら自然に笑いが生まれていることも少なくありません。

❸ 動物の毛を少量カットして残しておく

遺体がなくなった後、触ったりにおいをかいだりできるお守りとなり、遺体が目の前から消えてしま

ご遺体のそばで十分なお別れの時間をとることが必要

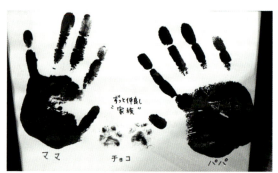

息子のチョコくんとパパとママで家族の証

う恐怖を和らげることができます。

❹ 手紙

ありのままの気持ちを書いて表現し、遺体のそばに手紙を供えましょう。グリーフを内面に抱え込むことを防ぐことができます。また自分自身の気持ちを動物に伝える貴重な時間となります。

手紙とともに眠るリズム

❺ 動物が大好きだったことの再現

遺体または遺骨を抱っこしたり、ひざに乗せたり、枕元に置いたり。また、思い出の場所に行ったり、大好きな人に会ったり。生前に動物が喜んでいたことを再現しても良いでしょう。動物の笑顔を感じ、飼い主さんのエネルギーとなります。

❻ 動物が会いたいと願う仲間や人との再会

仲良しの動物や愛してくれた家族や友人、知人などを自宅に呼び、出会いや思い出話をすることで、動物がどれほど自分にとって大切な存在だったかを再確認する時間となります。

❼ 写真の整理

生前に撮った写真を自宅で自分の気持ちと向き合いながら、自分のペースでアルバムにしたり、フォトフレームにまとめて、世界に一つしかない思い出の品を作ります。

第3章 死後のグリーフケア

> **知っておこう**
>
> #### 遺骨の扱いにマニュアルは存在しない
>
> 納骨だけではなく、自宅での安置、埋葬や散骨などさまざまな選択があることをお伝えします。どのような方法をとるかは、世間体や常識と自分自身のグリーフとの間で苦悩する飼い主さんの気持ちを傾聴し、決定していきます。動物と家族は、死後も生前と変わらずお互いが安全基地となるように援助しましょう。
>
> **＊飼い主さんの気持ちを尊重する**
> 飼い主さんの心が安心し落ち着く方法を支持しましょう。
> ・遺骨をお家に置いておきたい
> ・遺骨があるとホッとする
> ・遺骨は納骨して守ってもらいたい
>
> **＊動物の気持ちを尊重する**
> 動物が死後も安全に存在できる方法を支持しましょう。
> ・お家がいちばんリラックスできる
> ・動物が苦手だったからお家が良い
> ・お庭が大好きだった

はーちゃんの遺骨はリビングのテーブルに

ユリアちゃんに大好きだったきゅうりと卵を供える毎日

チョコちゃんはいつもパパとママと一緒

チャチャちゃんとみくちゃんが仲良く安置されるご仏壇。妹のあんずちゃんが仲間入り。

> **Point**
> 1. 「○○ちゃんと病院にいらっしゃいませんか。」の一言で来院を呼びかける
> 2. 送り人として死後も動物に対し大切にお手当てを行う
> 3. 葬儀の方法や葬儀場を決める際には、飼い主さんの価値観や死生観を尊重する
> 4. 死後、動物と十分に交流をするお別れの時間を持てることを飼い主さんに伝える
> 5. 手紙を送る際にはOnly oneとなる個々のStoryを自筆で入れる
> 6. 動物と家族は、死後も生前と変わらずお互いが安全基地となる

終わりに

　動物医療グリーフケアは「人と出会って良かった」と動物に感じてもらえること、そして「もう一度、動物と暮らしたい」と飼い主さんに感じていただける動物医療を目指しています。医療の選択肢が多く存在する現代、積極的、緩和的または無治療といった方法を人が決めることが困難になってきている状況下、動物の心の安全を守り尊厳を大切にする視点として生まれました。Only one の動物とOnly one の人が出会い結ばれた心の絆。日本では人が動物を必要とし、ますます共依存が強くなっている傾向を感じます。生きている時間に心の安全が守られていただけに、死後の過酷なグリーフは避けられないケースが増えるのも自然です。

　今後、ますます動物医療グリーフケアは初診で出会ったときから寿命を終えるまで、そして死後も求められていくでしょう。動物が死後も人のそばに安全に存在できる動物医療を目指すうえで、安全基地となる真のホームドクターが必要です。

　動物医療グリーフケアは決して簡単ではありませんが、実践あるのみです。さまざまな体験をしながら自分自身の引き出しが確実に増えていきます。動物や飼い主さんをホッとする笑顔に変えられたときこそが、動物医療従事者自身の救われる瞬間です。笑顔で新しい動物と再び来院されることが動物医療従事者にとって一番のグリーフケアでしょう。動物医療グリーフケアによって動物と飼い主さんに生まれた安全感が、自分たち動物医療従事者のグリーフケアとなり、過酷なストレスから守ってくれるのです。

　今回、初刊となる本書をご愛読くださいましてありがとうございます。本書が少しでも皆様の診療、そして動物看護のヒントになりますように。

　動物、そして人のハッピーライフを。

> ご質問やご相談は随時お受け致します。お一人で悩みを抱え込まないようにしましょう。
> E-mail：minako715@gmail.com
> HP：http://grief-care.net/

理解度チェックテスト

解答・解説 p.95

問23 死後のグリーフケアでサポートとならない要素として**間違っている記述**を、①～⑤の中からひとつ選びなさい。
① 動物病院での遺体へのお手当てを実施する
② お家でできる遺体へのお手当てについてお伝えする
③ お悔やみの手紙は決まった内容に揃え、印刷して送る
④ 毛を切ったり、足形や手形をスタンプするなど火葬までの過ごし方を提案する
⑤ 亡くなった動物の生前のイメージで花を用意する

解答 ☐

問24 葬儀について正しい記述を、①～⑤の中からひとつ選びなさい。
① 遺体は2日以内に火葬しなくてはならない
② 遺骨を自宅に持ち帰ることは避けたほうが良い
③ 四十九日には納骨をしないと動物も成仏できないことを伝える
④ 送り人となる場合には眠ったように瞼を接着させたほうが良い
⑤ 衝撃期の飼い主さんの場合には、葬儀を決して急がせず安心して遺体と交流する時間に導く

解答 ☐

付 録

・愛犬が教えてくれたこと〜筆者のペットロス体験より〜 ………… 88
・飼い主さんへのお手紙文例集 ……………………………………… 92

愛犬が教えてくれたこと
～筆者のペットロス体験より～

ここからは、筆者が実際に愛犬リズムとの別れの際に感じたことや、見えてきたことを例に、グリーフの段階に沿った飼い主さんの気持ちについてご紹介していきます。

突然訪れた愛犬とのお別れのとき

筆者はマレーシア在住ですが、動物医療グリーフケアのセミナーや待合室診療のため月の半分を日本で過ごしています。そのときも、愛犬のリズムとスウィングに見送られ、いつも通り自宅を出ました。8日後の夕方にリズムが突然吐き始めたと娘から連絡が入りました。その後動物病院にて制吐処置を行いましたが、改善せず、翌日さらに病態は悪化したとのことでした。午後になり、改善が見られないため再び動物病院へ行くと、検査等のために入院することになりました。そして、筆者が日本に帰国してから10日目の朝、急逝したのです。

夫と三女が動物病院に迎えに行き、「とにかく自宅に連れて帰りたい」という希望で、原因を知るための解剖を断り、リズムとともに帰宅しました。

心理過程 ❶ 衝撃期

・すべてが信じられない気持ち
・パニック状態

リズムの死を知らされ、筆者はパニック状態。「とにかく帰らねば…」という思いですべての予定をキャンセル。悪夢を見ているような思いの中、その夜の飛行機でマレーシアへ。移動中、自分に言い聞かせていたことは、「好きなだけリズムと一緒にいよう」

グリーフを大きく発生させる要因
・異変から1日半という急な展開
・死ぬとは思っていなかった……
・入院中の最期
・リズムは自分が看取れると思っていた
・娘の過酷な状況

心理過程 ❷ 衝撃期・悲痛期

・なんで今なの……？
・なんでそんなに早く……
・そばにいてあげられなかった……
・娘やリズムを苦しめた……
・ごめんね
・仕事をしていたからこんなことに

飛行機での移動中、後悔と自責、罪悪感がこみ上げてきた。

急逝の翌日、やっと娘とリズムに対面できた。一晩中、娘が愛犬と添い寝しながら、鼻や口からの出血や汚れを何度も拭いてくれていたリズムの体はとてもきれいだった。「抱っこしたい。」リズムは柔らかくて重たくて可愛かった。

- 「ママ、おかえり、早かったじゃない？」そう言って起き上がりそう
- 名前を呼ぶことしかできない
- いっぱい抱っこするよ

救いとなった状況

- 愛犬のきれいで安らかな眠っているような顔
- 娘がずっとそばにいてくれたこと
- 愛犬の遺体を苦しい中、必死にきれいにしてくれた
- 私のグリーフを深く理解してくれた仕事先のスタッフや飼い主さんの存在

愛犬のやすらかな寝顔

心理過程 ❸ 悲痛期

筆者が実践したグリーフケア

❶ 送り人となる

毎日顔や身体を拭く。綿を詰める。ブラッシング。爪・パット毛のカット。名前を呼ぶ。抱っこする。なでる。食べ物・お花を飾る。気持ちを伝える。交流の時間。離れて暮らす家族とスカイプで面会。同居の仲間と気持ちの共有。親しい友人を呼ぶ。手紙を書く。アルバムを見る。足形のスタンプをとる。保冷して身体をきれいに保つ。

❷ 十分な時間を持つ

リズムと好きなだけ一緒にいると決めて現実を受け入れられるまで待った。抱っこしたり、話しかけたり、手紙を書いたりしながら娘と過ごした一週間。

❸ 仲間たちへのグリーフケア

いつも寝ていた次女の部屋へ遺体を移動させ、同居動物との交流の時間。

違和感を感じ、不安や戸惑いの表情を見せた。

❹ 悲しみの共有

隣人や友人、仲間たちと一緒に悲しみの時間を共有。「リズムが犬を愛することを教えてくれた」と言ってもらえた。

お気に入りのソファの上で

愛犬を抱きしめた時間

リズムを見つめるフラット（筆者の愛猫）

長い間、リズムのそばを離れないスウィング（筆者の愛犬）

心理過程 ④ 回復期 〜火葬へ〜

　死後、1週間経過したリズムはきれいな姿だった。娘とリズムの上に集まった花々、手紙や好きだった食べ物、ぬいぐるみを供えながら声をかけた。

- リズムが13年前にわが家に来てくれて本当に良かった
- 今までありがとう
- 今日、リズムの体とお別れしよう

ひまわりのイメージだったリズム。色とりどりの花に囲まれ、安らかな表情

手紙とともに眠るリズム

救いとなった状況

- 一週間一緒にいられたこと
- 家族が揃ってお別れができたこと
- 火葬施設での温かい対応
- 獣医師やスタッフがグリーフの理解者
- 傾聴や共感の姿勢

心理過程 ⑤ 悲痛期〜回復期 〜遺骨となってから〜

　リズムが遺骨になって自宅に戻った。悲痛期再び。娘3人とリズム、リズムと仲間たち、私から見える日常の景色が変わった。当り前だと思ってきたリズムとの13年3か月の生活が失われたのだから受け入れるのが難しいのだと認める。

- 当たり前だと思ってきた日常はなんて幸せだったんだろう

火葬後に筆者が実践したグリーフケア

1. 受け入れるのが難しい状況を肯定する
2. 泣いたり、笑ったり、ありのままの気持ちで日常を過ごす
3. 家族と仲間たちと悲しみの共有する
4. 遺灰の入ったポットをリビングに設置してその周りを写真、手紙、おもちゃやお花などリズムが喜ぶ特別な場所にしていく

リズムの遺骨は家族の集まるリビングルームに。遺骨の入れ物であるティーポットはリズムに似合う雰囲気から決めた

心理過程 ⑥ 再生期

　死は過酷な悲しみの時間をもたらし、すべてを奪われたような喪失感を体験する。
　しかしながらグリーフに向き合い、心理過程が流れていくと必ず回復し、再生するときを迎える。

- リズムと出会えた幸運、一緒に過ごしたハッピーライフが存在したことが事実。これは永遠に失うことはないのだ。姿は変わってもリズムの存在感は大きくて永遠に消えない
- リズムがグリーフケアを教えてくれたのかもしれない

回復への手助けとなったこと

- 出会いのStory
- かけがえのない日常のStory
- 出会いや名付けのStory
- 楽しかった日常
- 娘たちの成長
- 仲間たちの存在
- 死別体験で見えてきたグリーフケア

リズムの思い出はいっぱい

障害があっても笑顔

毎年お祝した誕生日

誕生日や命日に増える手紙やプレゼントでにぎやかに

コラム

筆者と愛犬の出会いと名付けのStory

リズムはわが家に来た初めての犬でした。長女が9歳になる誕生日直前、動物病院で飼い主さんに連れられた3カ月のリズムに出会い、ひとめぼれ。

実はその飼い主さんの自宅で生まれた5頭の中で行先が決まらず最後に残っていた女のコだったのです。あまりに良く食べるので「ぴらちゃん（ピラニア）」と呼ばれていました。3カ月とは思えない大きいコーギーでした。音楽の大好きな長女がリズムと名付けたことで、その後迎えた動物たちもスィング、フラット、鈴、琴、と続きました。

飼い主さんに寄り添うグリーフケアを

死後に過酷なグリーフは避けられないけれど、悲痛期を耐えるために支えとなるたくさんの癒しや救いを残して寿命を終えてくれたのだとリズムが気づかせてくれました。そして今は、わが家がリズムに出会って幸せだったようにリズムもわが家に来て楽しかったよねと話しかけています。姿は変わってもこれからも、共に生きていく日常は変わりません。飼い主さんの心理過程を理解し、心に寄り添うグリーフケアをしていきましょう。

飼い主さんへのお手紙文例集

ここからは、飼い主さんに当てたお手紙の例をご紹介していきます。定型文だけではなく、個々のStoryを入れることで、Only oneのメッセージを送ることができます。

生前と死後にお送りするお手紙の例として、3つ掲載しています。これらを参考にしながら個々のStoryを交えた、Specialなお手紙を書くことで、飼い主さんの心に響くメッセージをお送りしましょう。

 自宅療養をしている猫（14歳）のAちゃん、飼い主Bさんへのメッセージ

> B様、こんにちは。
> Aちゃんといかがお過ごしでしょうか。
> Aちゃんの通院のストレスを一番に考え、ご自宅での皮下点滴を頑張っていただいていますが、Aちゃんのご機嫌はいかがでしょう？
> Aちゃんにとってお家がなにより居心地の良い安全基地です。
> AちゃんはBさんの表情を一番よく見ていますので、声などAちゃんが病気になる前と同じように、できるだけいつもと変わらない日常を続けてあげてくださいね。
> もしAちゃんが警戒して、抵抗が強かったり、怖がって逃げてしまうときにはお知らせください。
> ご様子を伺いながら他のアイディアを提案できるかと思います。
> 今も先生とAちゃんの可愛い声を思い出していました。
> どうぞAちゃんとこれからもAちゃんの大好きなお家で良いお時間をお過ごしくださいね。

お手紙 ❷ 一週間前に急死した犬（12歳）のCくん、飼い主Dさんへのメッセージ

D様

　Cくんが亡くなって1週間が経ちました。あまりに突然でしたので、今もまだ信じられないお気持ちでいっぱいかもしれません。Cくんは病院ではいつもDさんに抱っこされてうれしそうでした。Cくんの笑顔を思い出しています。

　12年前、体調を崩されていらっしゃったDさんはご主人様が連れてきたCくんと出会ってからとても元気になられたと伺いました。Cくんもまた12年間、Dさんの笑顔を感じながらとても楽しかったでしょう。

　今はCくんの見えない景色を受け入れることは簡単ではなく、いろいろな思いが溢れてきているかもしれません。お一人で抱えていらっしゃるのではないかと心配です。病院へお出かけいただくのはとてもお辛いかもしれません。その時にはもしよろしかったらお電話でお気持ちをお聞かせくださいますか。

　本日、気持ちばかりですがCくんのイメージでお花を送ります。Cくんのお写真のそばに置いていただけますとうれしいです。

　Dさん、くれぐれもお心身お大事にしてくださいね。

お手紙 ❸ 犬のEちゃんが亡くなってから初めての誕生日を迎える飼い主Fさんへのメッセージ

F様

　15日はEちゃんのお誕生日ですね。Eちゃんが亡くなってから3か月あまりが過ぎましたが、いかがお過ごしでしょうか。Eちゃんはとても立派な体格で、とても存在感が大きかったのでFさんやご家族にとってとても寂しい日々に違いありません。

　去年のお誕生日にカステラを美味しそうに食べていたEちゃんを思い出しています。治療のあと、EちゃんはFさんからカステラをもらって大喜びでしたね。私たちも一緒にお祝いができてうれしかったです。

　今日もEちゃんはカステラを待っているかもしれませんね！どうぞご家族でEちゃんのお話をいっぱいしてあげてください。泣いたり笑ったり……Eちゃんはそばで聞いていると思います。私たちもEちゃんのお話を一緒にできる機会を楽しみにしています。

　Fさん、どうぞお心身ご自愛くださいね。

付録

解答・解説

Chapter 1

問1 ④
グリーフは飼い主さんに表れるごく自然な心身の反応であり、類似の反応が動物に見られることもある。動物医療でのグリーフケアは、動物の生前から実施することで死後のペットロスが必要以上に大きくなることを回避できる。

問2 ④
動物医療でのグリーフは動物の生前から死後にわたり認められ、その心理過程は個々に差はあるが基本パターンが存在する。動物の生前と死後には大変類似した心理反応が認められる。

問3 ④
ボディランゲージや顔、声の表情などから多くのメッセージをキャッチできる。グリーフケアは生前より開始し、第一声で否定をしない姿勢がもっとも大切である。

問4 ⑤
「怒り」は極限の悲しみの表現であり、飼い主さんが大きなグリーフを抱えている状況であることを理解する。傾聴の姿勢を保ち、飼い主さんからグリーフを引き出すことでその原因が見えてくることが多い。強い姿勢によって新たなグリーフを発生させる危険がある。

Chapter 2

問5 ⑤
グリーフを一人で抱えこんでいかないよう、共感目線からやさしく声をかけ、ありのままの気持ちを引き出すようにする。

問6 ④
動物とやさしくふれあう動物看護師の行動によって、出口の見えない状況下、気持ちの張りつめた飼い主さんの心は救われ、ホッとすることができる。

問7 ①
動物と飼い主さんの愛着関係は多種多様であり、生活環境の把握がグリーフへの理解につながる。個人情報は病院外に流出しないよう責任を持ち、飼い主さんが安心して心を開くことができる動物看護師を目指そう。

問8 ④
動物目線になることで彼らのグリーフを理解できるようになる。動物看護師として動物の安全基地を守ることができるよう提案や行動することは、飼い主さんのグリーフケアとなる。

問9 ④
ショックが大きく、感覚や思考が麻痺することで強い悲痛を感じない状態のため、この衝撃期には強い怒りは認められず、悲痛期に見られることが多い。

問10 ①
動物と出会い、一緒に生活を始めた飼い主さんにとって障害が見つかったとしても手離すことは大きな苦痛を招く。ペットショップへ返すという提案は、飼い主さんの気持ちとの温度差によって新たなグリーフを与えてしまう危険がある。

問11 ③
動物にとっていろいろな形で当たり前の日常を失うことで人と同様にグリーフにつながると考える。動物目線となり感じることが必要。ホームを離れていることで治療にかかわらずグリーフは表れるだろう。重要なことは入院中そのグリーフをどのようにケアできるかなのである。

問12 ④
長い時間を共に暮らしていくと、その動物は飼い主さんにとっているのが当たり前の景色になっている。死による目の前の景色の変化は大きなグリーフを生む。また、最終章で病気に向き合いながら、高齢の動物がいちばん望んでいることが見えなくなり苦悩する飼い主さんも少なくない。

問13 ②
パニックになっている飼い主さんは思考や理解が困難になっている。まずはそばでやさしく身体を支え、診察室へ誘導する。イスをご用意し、動物の保定中は飼い主さんの表情を気にかけながら体調にも配慮する。

問14 ①
当たり前の日常を突然失った場合にはグリーフ反応は大きく表れ、飼い主さんは衝撃期を体験する。ショック状態が認められ、気分が悪くなったり、倒れてしまう危険もあるため配慮が必要となる。

問15 ④
共感とは、自分が主体となる感情移入と違い、飼い主さんが主体である。飼い主さんの目から状況を見るイメージでありのままの気持ちを受け取り理解することを意味する。

問16 ②
動物医療でみられるグリーフは、死後だけではなく生前から始まっていると考え、動物が初診で来院したときからグリーフケアを始めることが大切である。

Chapter3

問17 ④
飼い主さんは、ありのままにグリーフを吐き出せたことによって動物看護師に悲しみを理解してもらえたと感じ、安堵感を得ることができる。

問18 ③
衝撃期や悲痛期での早い提案は傾聴が不十分となり、飼い主さんは深い悲しみを軽視されてしまったと感じ、新たなグリーフにつながる危険がある。

問19 ④
ペットロス体験は心身ともに疲れる時間であるため、無理をしないことが大切。ありのままの気持ちで安心して過ごせるよう飼い主さんを支えていく姿勢が必要である。

問20 ⑤
ペットロス後、飼い主さんの多くはデリケートな心理状態となり、他者からの目線での一言が温度差を生んでしまう危険がある。飼い主さんの目線で言動や行動をグリーフと理解し肯定する姿勢が必要となる。

問21 ①
子どもがありのままの気持ちを出せるよう、大人がグリーフを軽視せず、大切に受け止める姿勢が救いとなる。保護者もありのままに悲しみを表すことで、子どもは動物が家族に愛された大切な存在だったことを再確認できる。

問22 ⑤
子どもにとって動物の死は初めての体験であることも多いため、不安や恐怖を感じることも自然である。動物の遺体に対して動物医療従事者や保護者がやさしく接する姿勢が子どもに安堵感を与え、安心してお別れをする時間につながる。

問23 ③
病院で統一されたお悔やみ状を印刷して送ることは事務的な印象を与えてしまう危険があり、自筆で動物とのStoryを添えることがグリーフケアとなる。

問24 ⑤
飼い主さんの価値観や死生観は個々に異なるため、飼い主さんが安心できる方法を一緒に考えていく姿勢で対応する。衝撃期の思考困難や無感覚、拒否の心理を理解し、葬儀を急がせないようグリーフケアが必要となる。

著者プロフィール

阿部 美奈子（あべ みなこ）

麻布大学大学院修士課程を修了。現在マレーシアに在住し、毎月日本との間を往復しながら「動物医療グリーフケア」を展開。「待合室診療」という獣医師として今までにない臨床を発掘。「ペットと飼い主さんの抱えるさまざまな心情（グリーフ）へのケア」を中心に、生前から死後のグリーフまで幅広いカウンセリングを行う。

　本書は2014年6月号より2016年4月号まで隔月で小社刊動物看護専門誌『as』誌上に連載された「心に寄り添う　動物医療グリーフケア」を再構成し、一部加筆・修正したものです。

編集部

as BOOKS
動物と人の心に寄り添う
動物医療グリーフケア

2016年 6 月30日　第 1 版第 1 刷発行
2016年 9 月23日　第 1 版第 2 刷発行
2017年 5 月19日　第 1 版第 3 刷発行
2019年12月18日　第 1 版第 4 刷発行

著　　者　　阿部美奈子
発 行 者　　西澤行人
発 行 所　　株式会社インターズー
　　　　　　〒151-0062　東京都渋谷区元代々木町33-8　元代々木サンサンビル2階
　　　　　　Tel. 03-6407-9661（代表）／Fax. 03-6407-9375
　　　　　　業務部（受注専用）TEL：0120-80-1906／FAX：0120-80-1872
　　　　　　振替口座　00140-2-721535
　　　　　　E-mail：info@interzoo.co.jp
　　　　　　Web Site：https://interzoo.online/（オンラインショップ）
　　　　　　　　　　　https://www.interzoo.co.jp/（コーポレートサイト）

DTP　　　　有限会社アーム
印刷・製本　株式会社 創英
デザイン　　I'll products
イラスト　　kei

Copyright © 2016 Minako Abe. All Rights Reserved. Printed in Japan
ISBN 978-4-89995-940-3　C3047

落丁・乱丁本は、送料小社負担にてお取り替えいたします。
本書の内容の一部または全部を無断で複写・転載することを禁じます。